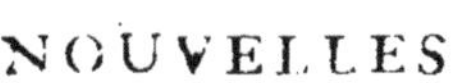

NOUVELLES DÉCOUVERTES DE QUELQUES TESTACÉES PÉTRIFIÉS RARES ET INCONNUS,

POUR SERVIR A

L'HISTOIRE NATURELLE

DE LA

BASSE-ALLEMAGNE

ET ENRICHIR LES

COLLECTIONS DU REGNE ANIMAL

PAR

J. G. C. A. BARON DE HÜPSCH,
MEMBRE DE L'ACADEMIE ROYALE DES BELLES-LETTRES ET DE LA SOCIETE D'AGRICULTURE DE LA ROCHELLE ET D'AUTRES ACADEMIES.

TRADUIT DE L'ALLEMAND

AVEC FIGURES.

A COLOGNE, FRANCFORT ET LEIPZIG,
CHEZ
F. W. J. METTERNICH, LIBRAIRE.
1771.

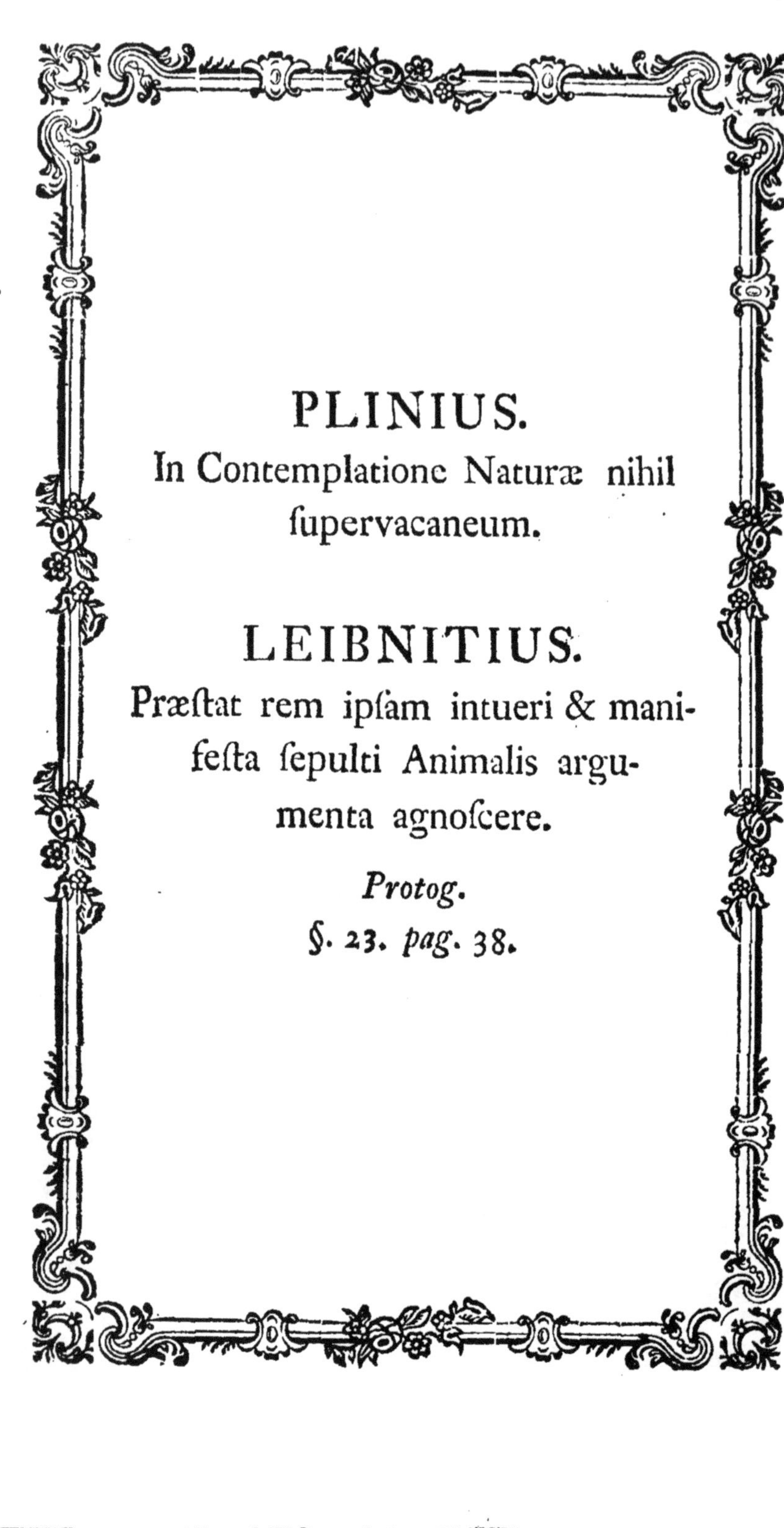

PLINIUS.

In Contemplatione Naturæ nihil ſupervacaneum.

LEIBNITIUS.

Præſtat rem ipſam intueri & manifeſta ſepulti Animalis argumenta agnoſcere.

Protog.
§. 23. *pag.* 38.

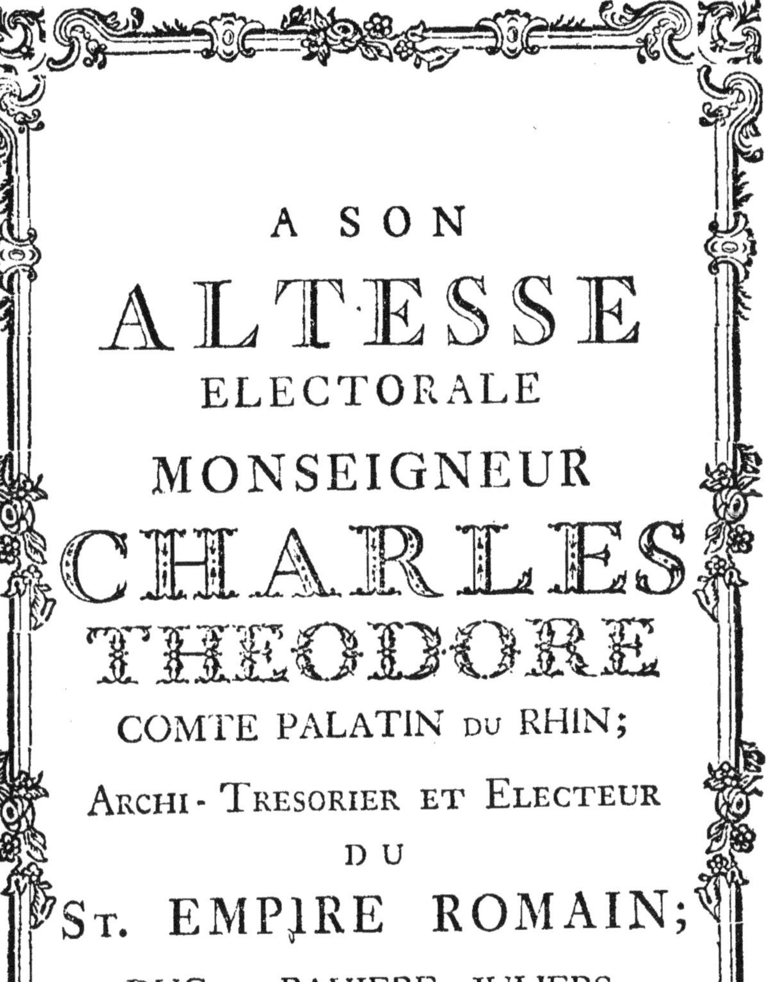

A SON

ALTESSE

ELECTORALE

MONSEIGNEUR

CHARLES THEODORE

COMTE PALATIN DU RHIN;

ARCHI-TRESORIER ET ELECTEUR

DU

ST. EMPIRE ROMAIN;

DUC DE BAVIERE, JULIERS,

CLEVES ET BERG;

PRINCE DE MOERS;

MARQUIS
DE
BERGEN-OP-ZOOM;

COMTE
DE
VELDENZ, SPONHEIM, DE LA MARK,
ET DE RAVENSBERG;
SEIGNEUR
DE
RAVENSTEIN;
&c. &c. &c.

MONSEIGNEUR.

J'ai l'Honneur de présenter avec le plus profond Respect à VOTRE ALTESSE ELECTORALE mes Observations sur certains Animaux pétrifiés inconnus. Ils sont originairement à V. A. E. comme étant trouvés dans vos Etats du Duché de Juliers, ainsi je les restitue à leur Maître. J'espere que la liberté que je prends ne déplaira pas à V. A. E. d'autant plus qu'elle a depuis longtems témoigné à l'univers entier son gout décidé pour l'Histoire naturelle ayant même fondé une illustre Academie à Manheim qui a pour but de la cultiver & qui plus est, le magnifique Cabinet de Curiosités naturelles que V. A. E. a

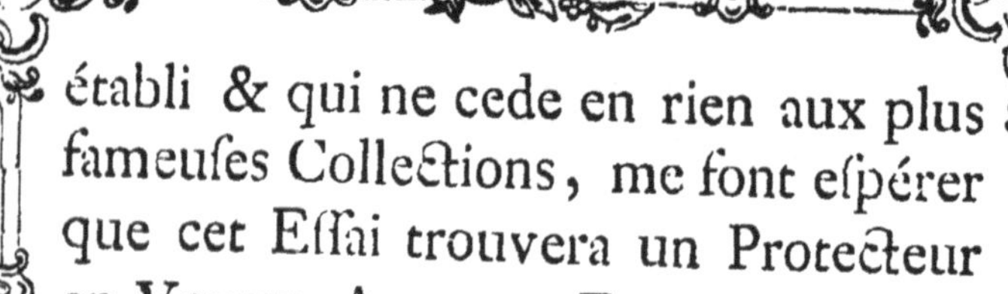

établi & qui ne cede en rien aux plus fameuses Collections, me font espérer que cet Essai trouvera un Protecteur en VOTRE ALTESSE ELECTORALE.

Si V. A. E. jette un Oeil favorable sur ce petit Ouvrage, elle m'encouragera à continuer mes Recherches & à les donner au Public. J'ai l'honneur de me dire avec le plus profond Respect

DE VOTRE

ALTESSE ELECTORALE

Le très-humble & très-obéissant Serviteur

COLOGNE le 20. Octob. 1768.

BARON DE HÜPSCH.

MONSEIGNEUR.

J'ai l'Honneur de présenter avec le plus profond Respect à VOTRE ALTESSE ELECTORALE mes Observations sur certains Animaux pétrifiés inconnus. Ils sont originairement à V. A. E. comme étant trouvés dans vos Etats du Duché de Juliers, ainsi je les restitue à leur Maître. J'espere que la liberté que je prends ne déplaira pas à V. A. E. d'autant plus qu'elle a depuis longtems témoigné à l'univers entier son gout décidé pour l'Histoire naturelle ayant même fondé une illustre Academie à Manheim qui a pour but de la cultiver & qui plus est, le magnifique Cabinet de Curiosités naturelles que V. A. E. a

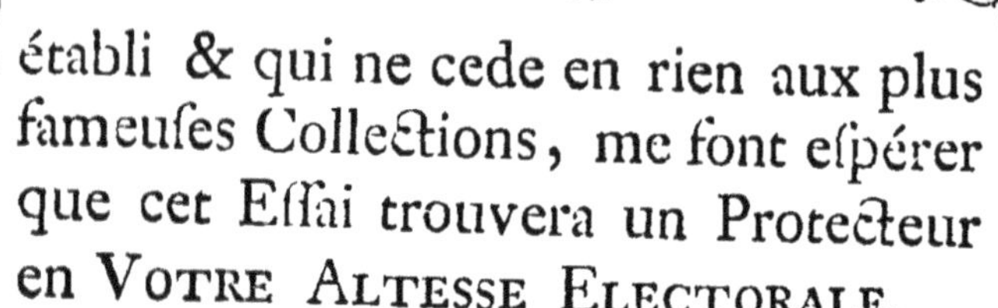

établi & qui ne cede en rien aux plus fameuſes Collections, me font eſpérer que cet Eſſai trouvera un Protecteur en VOTRE ALTESSE ELECTORALE.

Si V. A. E. jette un Oeil favorable ſur ce petit Ouvrage, elle m'encouragera à continuer mes Recherches & à les donner au Public. J'ai l'honneur de me dire avec le plus profond Reſpect

DE VOTRE

ALTESSE ELECTORALE

Le très-humble & très-obéiſſant Serviteur

COLOGNE le 20. Octob. 1768.

BARON DE HÜPSCH.

PLAN D'UN OUVRAGE SUR L'HISTOIRE NATURELLE DE LA BASSE-ALLEMAGNE.

C'eſt à regret, que je me trouve obligé d'introduire mon Lecteur à ce petit Ouvrage, par une longue Préface; mais les Avertiſſements qui la compoſent m'ont paru indiſpenſables.

Dans la premiere partie de mon Ouvrage œconomique (*) imprimé en Langue alle-

(*) *Nüzliche Beyträge zur Oeconomie und dem landwirthſchaftlichen Leben. Frankfurt und Leipzig in der metternichiſchen Buchhandlung 1766.*

mande j'ai cru être bien fondé à ſoutenir, que, ſi l'Oeconomie eſt la Science la plus utile, l'Hiſtoire naturelle était la plus agréable. Puiſque celle-ci nous procure en même tems un Plaiſir innocent & un Amuſement très utile. L'on n'a qu'a jetter les yeux ſur une Collection de Pétrifications pour obſerver avec Admiration qu'un Eſcargot, une Moule, une Ecreviſſe, un Serpent, &c. s'y trouvent entierement changés en Pierre dure, ſans avoir rien perdu de leur Grandeur, de leur Figure, de leur Poſition, ni même de la Proportion de toutes leurs Parties: auſſi les Pétrifications ſont à très juſte Titre, miſes au Nombre des plus rares Phénomenes de la Nature. En conſidérant le grand Nombre de ces Corps pétrifiés, nous trouverons un Témoignage inconteſtable des Changemens remarquables, (**) que la terre doit avoir ſoufferts dans les tems les plus reculés.

Tant

(**) J'ai prouvé dans mon *Traité phyſique (Phyſicaliſche Abhandlung von der vormaligen*

Tant de Plantes marines, & de Coquillages de toute Eſpèce, qui ont été des habitans vivans du fond de la Mer & qui ſe trouvent aujourd'hui pétrifiés ſur les hautes montagnes, ou bien que l'on découvre dans des Terres éloignées de la Mer, prouvent, ce que j'avance. Par exemple, l'on trouve en Allemagne & dans d'autres Païs d'Europe des Moules & des Eſcargots, dont l'Eſpèce n'exiſte plus vivante, que dans les Mers des Indes (†). J'ai entr'autres un

---

ligen Verknüpfung und Abſonderung der alten und neuen Welt und der Bevölkerung Weſtindiens &c) de l'ancienne Adherence & de la Séparation du vieux Monde avec le nouveau imprimé à Cologne 1764. que notre Globe a été ſujet à de terribles Inondations & que la Mer ſouvent a changé de Lit.

(†) L'Examen ſur l'Origine & la Situation des Corps pétrifiés peut nous mener à la Dé-

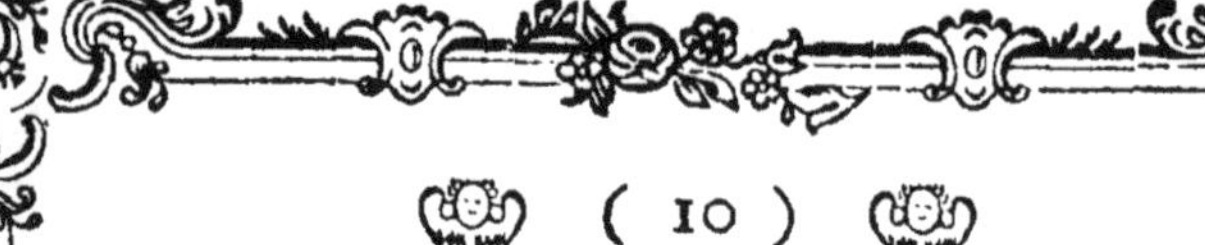

Escargot tubereux & pétrifié (*Cochlitem tuberosum*) qui se trouve sur une haute Montagne en Lorraine, pendant que l'Escargot même, que j'ai aussi & qui est en tout semblable à la Pétrification, ne se voit nullepart que dans l'Océan indien.

L'Histoire Naturelle ne nous procure pas seulement un Agrément & un Amusement tout particulier, mais elle contribue outre celà très essentiellement au Bien-public. Mon Ami le Conseiller aulique Mr. BAUMER, pre-

---

Découverte des Vérités nouvelles, & à l'Eclaircissement des Evénemens les plus considérables, qui se soient passés sur ce Globe. Mais nous ne saurions réussir, si nous voulions déduire toutes les Pétrifications du Deluge comme ont fait Messieurs SCHEUCHZER, WOOWARD, LIEBKNECHT, PLUCHE & plusieurs autres fameux Naturalistes. C'était autrefois l'opinion générale, mais elle n'est pas fondée dans l'Histoire de notre Globe.

premier Professeur en Médecine à Giesse, a suffisament prouvé l'utilité & la nécessité de l'Histoire naturelle dans son excellent Ouvrage sur l'Histoire naturelle des Minéraux (**) à la quelle je renvoie mon Lecteur.

Si l'on examine sans préjugé les Avantages considérables, que le Commerce (†) les

---

(**) Mon Ami, le très éclairé Naturaliste Mr. LOUIS ROUSSEAU, Professeur en Chymie à Ingolstadt, a détaillé ceci plus amplement dans une Oraison intitulée: *Rede von dem wechselweisen ungemeinen Einflusse der Naturkunde und Scheidekunst. &c. Burghausen 1770.* De même Mr. BEIREIS, Professeur à Helmstadt dans un petit Ouvrage imprimé sous le titre: *De Utilitate & Necessitate Historiæ naturalis, &c. Helmstadii, 1759.*

(†) La nouvelle Découverte que je viens de faire sur l'Origine de la Terre d'Ombre ou

les Sciences, les Arts, & les Métiers en retirent, l'on se convaincra facilement, que les travaux de ceux,, qui font des Collections & forment des Cabinets de Curiosités naturelles, & qui outre celà enrichissent l'Histoire naturelle de nouvelles Découvertes par leurs Observations & leurs Expériences, que ceux là, dis-je, ne manquent pas de produire une vraie Utilité & de s'acquerir un grand Mérite.

Je

---

ou Terre de Cologne connue dans toute l'Europe en est une preuve incontestable, tous les Naturalistes ne l'ont considerée jusqu'ici que comme une sorte de Terre particuliere, ainsi que la Craie, l'Argile &c. WALLERIUS est tombé dans cette Erreur & nombre d'autres Ecrivains avec lui. J'ai prouvé que c'est un véritable Bois fossile, qui est terrifié & dissous par les Eaux minérales.

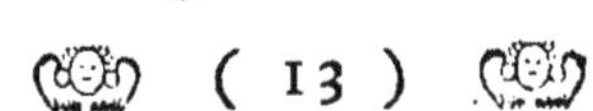

Je ſouhaiterait pourtant que tous les Amateurs n'euſſent d'autre but en faiſant leurs Collections, que celui de l'utilité publique, je ne prétens pas, qu'ils deviennent tous Auteurs, mais il conviendrait qu'ils fiſſent part au public des Raretés, dont ils ſont en poſſeſſion (*). Il ſerait encore plus à ſou-

(*) Il y a une quantité de Raretés naturelles, qui ſont cachées au public dans les Cabinets des Curieux; il y a de même beaucoup d'Antiquités & de Pieces artificielles gardées dans l'Obſcurité, quoique tout celà meriterait très fort d'être décrit. Mais les Curieux & ceux qui poſſedent ces Collections, craignent mal à propos de perdre leurs Tréſors & leur Reputation, s'ils faiſaient connaitre aux Savans leurs Richeſſes. Ils envient à d'autres le plaiſir de les publier, & voilà la raiſon pourquoi, l'Hiſtoire naturelle & les autres Sciences ne feront pas des Progrès généralement dans

à ſouhaiter, que les Curieux, qui ne ſont pas chargés d'Emplois laborieux, ſe donnaſſent la peine, ſuivant mon Projet, de tenir des Leçons en regle ſur l'Hiſtoire naturelle à l'Uſage de la Jeuneſſe, après avoir fait précéder un Cours de Phyſique. A chaque Leçon il conviendrait de produire les Curioſités naturelles comme les Minéraux, les Foſſiles, & de les ranger dans un Ordre ſyſtématique, pour donner l'Explication de chaque Piece en particulier; c'eſt ainſi que l'on s'apercevrait de l'utilité générale. J'offrirais volontiers mes Collections à cet Uſage; j'en ferais même de

---

dans un Païs tant que l'on verra ſubſiſter parmi les Savans cette Eſpèce de Jalouſie de Métier. Il ſerait à ſouhaiter qu'il y eût des perſonnes qui vouluſſent bien employer leur Zele à donner au Public les nouvelles Découvertes & Obſervations qu'ils ont faites touchant l'Hiſtoire naturelle, puiſqu'on la rend par là plus ample & plus propre à l'Utilité publique.

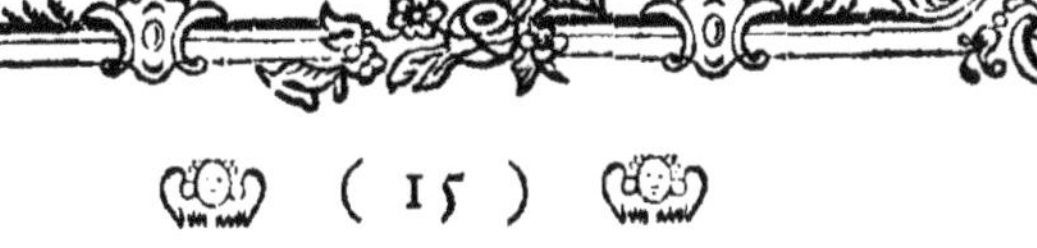

de tout mon Cœur un Cabinet public, mais il eſt triſte de prévoir qu'aucun Savant ni Curieux ne voudra ſe charger de ce travail ſans Récompenſe & qu'il ne ſe trouvera pas dans ces Païs des Mécenes, qui veuillent proteger & ſoutenir un Projet ſi louable & ſi utile. Ainſi je crains fort que mes ſouhaits ne ſoient infructueux. Le faméux MORHOF (**) & le très ſavant Benedictin OLIVE-

(**) Id vero certum eſt, ſi Princeps aliquis tale Theatrum inſtrueret, aut in Academiis quemadmodum Bibliothecæ publicæ, inveniretur, major confluxus Studioſorum has impenſas facilè reſarcirent. Immenſos enim fructus illa res præſtaret, multiſque laboribus & impenſis ſtudioſam Juventutem ſublevaret. Alios quoque etiam illiteratos curioſiores alliceret, unde multis acceſſionibus brevi tale Theatrum augeri poſſet & tota rerum univerſitas in unam veluti domum compacta, Spectatori-

OLIVERIUS LEGIPONT, (†) ont eu la même penſée que moi à ce ſujet.

Je

---

toribus non ſine fructu & delicio exhiberi, &c. *Polyhiſt. Lit. Lib. 2. Cap. 4. §. 41. pag. 349.*

(†) Ab eo autem tempore complures hujus Diſciplinæ (Hiſtoriæ Naturalis) Cultores ex Italis, Gallis, Anglis, Germanis in eadem Studia conſpirârunt, ita ut quemadmodum ex Antiquitatum Evolutoribus, ſic etiam ex Naturæ Curioſorum Scriptoribus integrum Corpus facilè confici poſſit. Quare operæ pretium haud leve faceret, optimeque de Orbe erudito mereretur, qui hanc ſtrenuè occuparet Provinciam; ſed uti hoc opus inter Deſiderata litteraria habetur, ita & iſtud apud Eruditos maximè in votis eſt, ut noſtris in Academiis publicum quoddam NATURÆ & ARTIS MUSÆUM inſtitueretur, in

quod

Je quitte cette Idée, pour en venir à mon but. La Description, que je fais ici, de quelques Animaux testacées pétrifiés, n'est qu'un Essai de l'Histoire naturelle de la Basse-Allemagne, que je prépare. Si elle trouve quelque Approbation, j'en serai d'autant plus encouragé à donner au Public le grand Ouvrage (**).

B Dans

---

quod Curiosa quæque certis quibusdam receptaculis asservata, ac subinde per vivam demonstrationem oculis animisque sistenda inferrentur. *Dissert. Philolog. Bibliograph. Dissert. 4. §. 7. pag. 282. 283.*

(**) J'ai déja rassemblé, pour ce grand & utile Ouvrage, de fort belles Pieces trouvées dans nos Contrées, pendant mes Voyages minéralogiques. Je ne puis manquer de remercier publiquement, à cette Occasion, Mr. de SARTILLIER, Lieutenant général au Service de S. M. T. C. & Mr. de

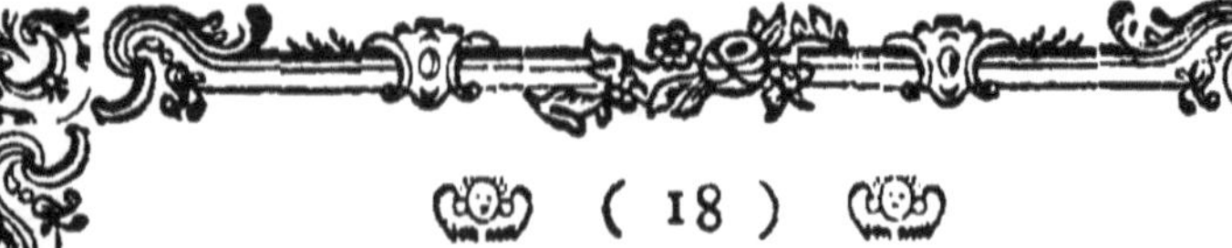

Dans cette Hiſtoire naturelle je produirai les Curioſités naturelles remarquables, qui ne ſe trouvent pas en tout Païs, auſſi bien que celles, qui ſont encore inconnues (*) & qui proviennent des Provinces de la Baſſe-Allemagne. Je me propoſe de l'orner de Figu-

de SPRINGER Capitaine d'Artillerie au Service de S. M. I. qui m'ont fourni noblement & avec beaucoup de Zèle plusieurs Pétrifications pour ce Deſſein.

(*) Depuis que l'immortel DES-CARTES & GASSENDI ont banni de l'Ecole la Philoſophie peripateticienne, on eſt convaincu, que les Ouvrages, qui contiennent des nouvelles Découvertes, des Expériences, des Obſervations & des nouvelles Recherches, ſont très préférables pour l'accroiſſement des Sciences. Voilà pourquoi à fin que mon Lecteur trouve en même tems de l'utile & du nouveau, j'ai principalement ces trois Articles en vue à l'égard des Foſſiles.

1) Je

Figures gravées en Taille douce & enluminées d'après Nature ; & puiſque j'ai choiſi préférablement la Baſſe-Allemagne, pour en donner une Hiſtoire naturelle, je m'attacherai particulierement aux Fossiles, Mineraux, Insectes &c, qui ont été trouvés dans les Païs ſuivans, & que je conſerve dans mon Cabinet. Voici les Provinces

---

1) Je conſidere les Raretés des Animaux, des Moules, des Eſcargots & des Plantes, que l'on trouve pétrifiés & qui ſont peu ou point du tout connus ; ce qui ſert à l'Augmentation du Regne animal & végétal.

2) J'obſerve la Reſſemblance & la Différence de la Figure, de la Grandeur & des Accidens de ces Pétrifications, pour aprendre à connaitre les Genres & à diſtinguer les Eſpéces.

3) Je fais Attention au Genre de Pierre du Corps pétrifié & de ſa Matrice. Cette

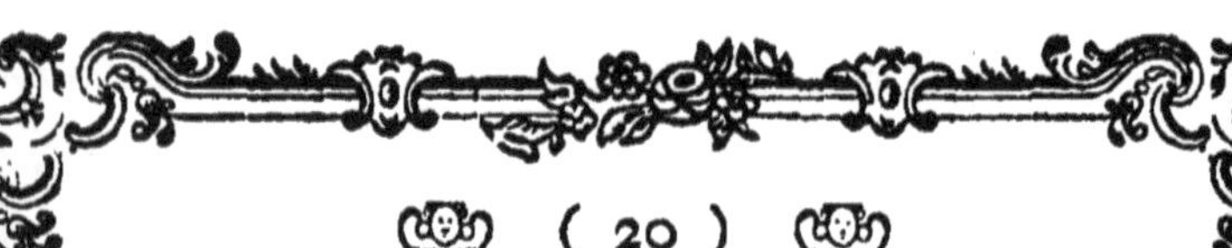

que je comprens ſous le nom de Basse-Allemagne & qui fourniront matiere à mon Ouvrage, ſans en excepter les Païs voiſins. 1) Les Duchés de *Juliers* & de *Bergue*. 2) Les Electorats de *Mayence*, *Treves* & *Cologne*. 3) *L'Eifel*: comme le Duché *d'Aremberg*, le Comté de *Blankenheim*, &c. 4) Les Duchés de *Cleves* & *Gueldres* & le Comté *de la Mark*. 5) La *Weſtphalie* p. E. les Evéchés de *Munſter*, *Paderborn Osnabruck*, le Duché de *Weſtphalie*. 6) Le Duché de *Lorraine*, l'Evéché de *Liege*, la Principau-

---

Obſervation ſert à éclaircir la Structure de notre Globe, principalement des Montagnes formées par Inondation. L'Hiſtoire naturelle de pluſieurs Païs ne ſe perfectionnera jamais & reſtera en Enfance, ſi on ne l'aide pas par cent différentes Obſervations de cette Nature. Mais la plupart des Curieux, qui forment des Collections, n'entrent aucunement dans de pareil-

cipauté *d'Essen* & de *Nassau*, le Duché de *Bouillon*, &c. 7) Les *Païs-Bas autrichiens:* savoir le Duché de *Brabant*, de *Limbourg*, de *Luxembourg*, de *Flandre*, de *Haynaut*, &c. 8) Le Comté *d' Artois*, la *Flandre française*, &c. 9) Les *Provinces unies* comme la *Hollande*, &c. &c.

---

reilles vues. Quelques uns se contentent de savoir nommer savamment leurs belles Raretés, ou de briller en montrant leur Collection, d'autres s'amusent à former des Classes systématiques, ou bien ils s'en tiennent aux Beautés, qui flatent la vue & pour tout dire ils s'arretent à des riens, oubliant le principal, qui consiste à examiner l'Origine de tel ou tel Corps naturel & à faire là dessus des Remarques, qui puissent fournir un nouveau Jour à l'Histoire des Ouvrages si merveilleux, que produit la Nature. Il faudrait pourtant à mon Avis, qu'un Curieux, qui fait des

Plusieurs Amateurs de l'Histoire naturelle ont désiré depuis longtems un pareil Ouvrage concernant les Païs susdits, mais Personne n'a jusqu'à présent entrepris cette Tâche (**). J'ai enfin osé le tenter & j'espere, que l'on ne m'enviera pas ce travail, étant

pret

Collections & qui veut passer pour Savant fut plus instruit que le Commun, qui tient pour indifférent de connaître la Rareté des Ouvrages de la Nature & d'en découvrir l'Origine.

(**) Les seuls Auteurs, qui ont touché jusqu'à présent cette Partie, sont les deux savans Messieurs : H. NUNNING & H. COHAUSEN, qui ont décrit quelques Pétrifications westphaliennes, comme les Ammonites, les Echinites, mais celà dans un tems auquel l'Histoire naturelle n'etait pas dans la Perfection, où elle est portée de nos Jours. *Commerc. Litterar. &c. Tom. 1. Epist. 1. 2.*

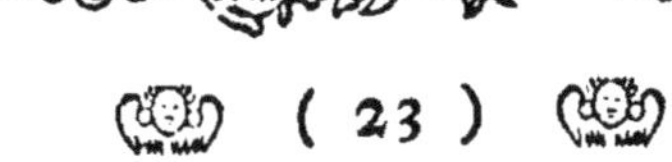

pret à le céder à tout autre. Cette Entreprise pouvant faire Honneur à la Basse-Allemagne notre Patrie, riche en Minéraux, Fossiles & autres Curiosités naturelles (†), j'ose me flatter, qu'il s'y trouvera des Curieux, qui voudront bien concourir à mon but, en me communiquant des Corps pétrifiés, Mines metalliques, Productions minérales & autres Ouvrages de la Nature.

(†) Le Lecteur pénétrera facilement, que je n'ai pas entrepris ce difficile Ouvrage par interet propre, mais que c'est plutot pour faire Honneur à la Patrie & pour étendre les Bornes de l'Histoire naturelle. Il comprendra sans Peine que cette Entreprise m'a occasionné des Peines & de grandes Dépenses: les Voyages, les Expériences, les Observations, les Recherches différentes ne pouvant se faire sans Frais, ils exigent outre celà une Diligence & une Attention infatigable. Nous n'avons craint aucu-

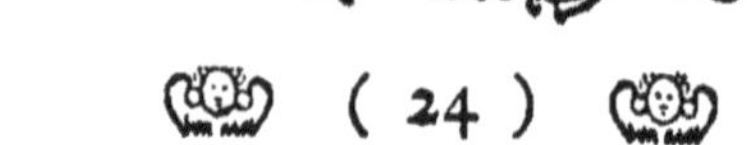

J'offre de mon Coté à donner dans le grand Ouvrage, que je projette, une Déſcription exacte de toutes les Pieces remarquables, que l'on aura la bonté de me procurer, ſoit Pétrifications, ſoit Mines, ou Inſectes, &c. & d'en témoigner ma vive Reconnaiſſance (*).

J'ai prié inſtamment à cet Effet non ſeulement tous les Amateurs, qui ont des Cabinets, mais auſſi tous les Poſſeſſeurs, Inſpecteurs, & Adminiſtrateurs des Minieres ou Carrieres de notre Baſſe-Allemagne & Pais voiſins, de vouloir bien me faire part des

---

aucunement depuis longtems d'éprouver toutes les Difficultés & nous avons raſſemblé une Collection particuliere à cette Fin.

(*) C'eſt en quoi il faut que nous louions les Sentimens généreux que nous reconnoiſſons publiquement de l'excellent Naturaliſte Mr. Colini, Secretaire intime & Hiſtoriographe de S. A.E.P. qui a eu la bonté de nous offrir des Pieces d'Hiſtoire naturelle pour cet Ouvrage.

des Mines metalliques, Pierres rares, & autres Productions de la Nature, qu'ils rencontreront, pour contribuer ainsi aux soins que je prends (**).

(**) Un Païs quoique riche en Productions de la Nature n'instruit personne, quand les Savans & les Amateurs y sont paresseux & ne font autre chose, que se glorifier de leurs Titres. Dans cette Classe il faut mettre Monsieur ****** qui n'a pas eu honte de dire serieusement : *Je ne m'amuse pas à courir les Champs pour ramasser des Pierres.* Belle Pensée assurément, mais qui ne nous fait pas espérer, que ce Monsieur si laborieux nous fournisse grand Secours. Nous renonçons aussi volontiers à toutes ses Découvertes. L'on pourrait considerer ce Savant ****** comme un Aveugle, qui ne connait rien de ce qui se trouve dans le Territoire de son Païs, & qui est incapable d'admirer les

Si quelques Curieux étrangers, Amateurs de l'Hiſtoire naturelle, ſe trouvent en Poſſeſſion de quelques Pieces rares, comme Foſſiles, Minéraux, Inſectes, Animaux ou au- autres Productions trouvées dans les Païs étrangers, dont la Déſcription pourrait ſer- vir

---

les beaux Ouvrages de la Nature. Si les plus grands Philoſophes & les zélés Collecteurs de Curioſités naturelles lui avoient reſſemblés en pareſſe, l'Hiſtoire naturelle ſerait dans les Tenebres & les très érudit Mr. ****** ne connaitrait aucune de ces Pieces ſi rares, dont on lui a confié la Direction. Peut-ètre prendrait il alors une Dent d'Elephant pétrifié pour une Dent molaire du grand Goliath ou de quelqu' autre Géant. L'on devrait ètre honteux d'avoir de pareils Sentiments, pendant que tant de Perſonnages célèbres ont été infatigables dans les Recherches de la Nature & ont entrepris, à leur grande Gloire,

vir à l'Eclairciſſement de l'Hiſtoire naturelle, & qu'ils ſouhaitent de les faire connaitre au Public, l'on offre d'en inſérer la Déſcription dans cet Ouvrage, s'ils veulent bien me les faire parvenir par la Voie la moins couteuſe.

Monſieur de Leibnitz, Mr. le D. Liebknecht & autres Savans ont ſouhaité depuis longtems, que dans chaque Païs il ſe trouvat des Naturaliſtes, qui s'apliquaſſent à

décrire

Gloire, des Voyages périlleux, & des Obſervations très difficiles, dans des Païs montagneux, pour enrichir de leurs Découvertes l'Hiſtoire naturelle. Barba, Scheuchzer, & tant d'autres ſe ſont acquis par là une Gloire immortelle: Telle eſt de nos Jours la Compagnie des Savans danois, qui ont été envoyés en Arabie & dans d'autres Païs de l'Orient par la Libéralité du Roi *Frederic. V.* de glorieuſe Memoire.

décrire les Minéraux & tous les autres Objets relatifs à l'Hiſtoire naturelle, qui ſe trouvent chez eux. Si celà était, nous pourrions nous flatter d'avoir un Jour une pareille Hiſtoire bien complette, & d'aprendre à connaitre plus parfaitement la Compoſition de notre Globe & les Corps, qu'il contient; ce qui ſerait aſſurément très utile au Genre humain. C'eſt donc avec Raiſon, que Mr. BAUMER, s'explique ainſi: Quand nous verrons ces heureux Tems, auquel on ſe pretera avec Soin à cet Ouvrage dans tous les Païs, en confrontant les differentes Découvertes, c'eſt alors, que cette Connaiſſance ne ſera pas ſeulement enrichie d'un Nombre de nouvelles Vérités, mais pluſieurs autres Sciences & différens Arts, qui ſont liés avec elle, ſe trouveront conſidérablement éclaircis (*).

Plu-

(*) Mr. de LEIBNITZ s'explique là deſſus ainſi: *Si conferrent Operam diverſarum Re-*

Plusieurs habiles Gens ont déja pris la Peine de décrire l'Histoire naturelle de certains

Regionum Viri docti & curiosi, superficies Globi nostri paulò melius nosceretur, & Mr. LIEBKNECHT dit : *Optandum quoque esset, ut hinc inde per Germaniam, inque aliis locis degentium Collectiones istarum rerum ac Observationes publicarentur. Hass. Subter. Spec. Sect. 3. C. 1. §. 21. pag. 413. 414.* & dans un autre Endroit le Conseiller BAUMER écrit des moyens propres pour l'avancement de l'Histoire naturelle, & dit très bien, que, puisqu'il est impossible, vu la Grandeur du Globe & la Multitude des Minéraux, qu'un seul Homme puisse embrasser le tout, il serait très avantageux si les Savans les plus propres & les plus capables, de le faire, voulaient examiner à fond leur Patrie & communiquer leurs Découvertes, ce que plusieurs ont déja commencé. C'est par ce moyen-là, que l'on

tains Païs entiers ou de quelques Cantons particuliers. Mr. Gronovius en a donné une Liste (†). Mais il nous manque encore une pareille Description des Minéraux, Fossiles & autres Curiosités naturelles, qui se trouvent dans ce Païs-ci, ce qui peut-être à fait soupçonner aux Etrangers, que la Nature avait été avare de pareilles Productions envers notre Basse-Allemagne. Nous prouverons ici que notre Païs est très riche en différentes Productions, en Pierres rares, en Pétrifications, &c. &c. & même qu'il en four-

---

l'on parviendrait a faire naitre un Enchainement & un Ouvrage entier. *Naturgeschichte des Mineralreichs. I. Th. Vorbericht*, §. 9.

(†) *Bibliotheca Regni animalis & lapidei seu Recensio Auctorum & Librorum qui de Regno animali & lapideo methodicè, physicè, medicè &c. tractant. Lugduni Batavor.* 1760.

fournit de particulieres, que l'on chercherait en vain autre part.

J'en préſente ici un Eſſai à mes Lecteurs, qui leur mettra dévant les Yeux une Déſcription détaillée de certains Teſtacées pétrifiés très peu connus & nouvellement découverts.

Comme pluſieurs étrangers Curieux ſeront peut-ètre charmés d'augmenter leurs Collections de pareils Teſtacées pétrifiés, de Plantes marines pétrifiées & d'autres Productions de la Baſſe-Allemagne, je m'offre de leur fournir à leur Requiſition: 1) Pluſieurs Eſpèces de Teſtacées ou Coquillages pétrifiés bien conſervés de nos Provinces. 2) Pluſieurs Eſpèces de Coraux pétrifiés ou Coralloïdes foſſiles de nos Contrées, qui par leur belle Conſervation & les differentes Eſpèces ont eu l'Agrément des plus grands Connoiſſeurs. 3) Différentes Eſpèces de Mines metalliques, entre leſquelles il y aura quelques Mines fort ſingulieres.

4)

4) Différentes autres Productions minérales, comme Quarz polygone, Dendrites, Terres, &c. &c.

J'eſpere que les étrangers Curieux voudront bien en Revanche me faire parvenir des Curioſités naturelles, qui pourraient me manquer. 1) Quelques Eſpèces d'Animaux, ou Inſectes, toutes Sortes de Coquillages de Mer, Plantes marines. &c. &c. 2) Différentes Eſpèces de Pétrifications, Mines metalliques, Marbres, & autres Productions minérales. 3) Toutes Sortes d'autres Pieces de l'Hiſtoire naturelles, comme Fruits des Indes, & autres Curioſités naturelles, qu'un Amateur me voudra donner en Echange.

Ainſi pour favoriſer l'Etude de l'Hiſtoire naturelle, j'invite tous les étrangers Curieux, quand même ils habiteraient des Païs très éloignés, de m'honorer de leur Correſpondence, en addreſſant leurs Lettres directement à Cologne. C'eſt, à mon Avis, un grand Avantage pour tous ceux, qui font

des

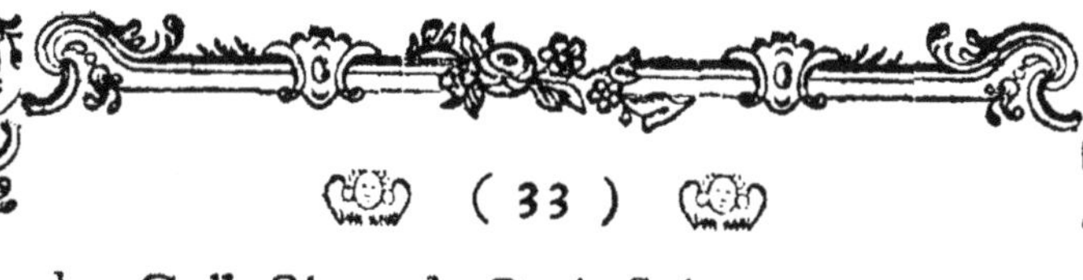

des Collections de Curioſités naturelles, de pouvoir ſe communiquer ſans Gène & de parvenir par là à une Amitié & à une Eſtime mutuelle. De là doit naitre la Confiance, toujours accompagnée d'une Diſcretion indiſpenſable en pareille Correſpondance, comme dans toutes les Actions, ſans elle l'Entretien du Commerce littéraire ceſſe bientôt.

Cologne
ſur le Rhin,
le 1. Juin
1771.

Baron de Hürsch.
Log. à la Ruë St. Jean.

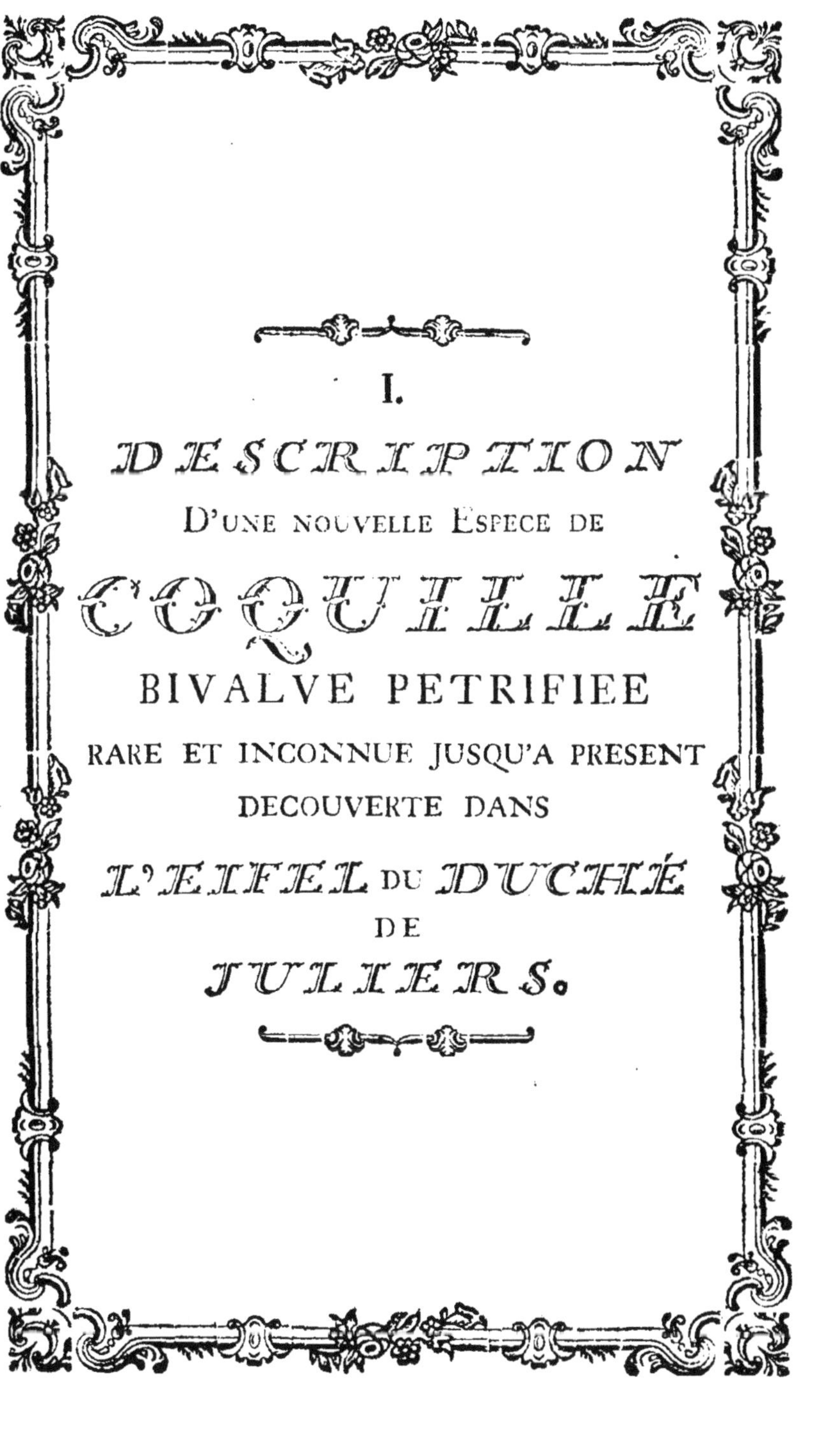

I.

DESCRIPTION
D'UNE NOUVELLE ESPECE DE
COQUILLE
BIVALVE PETRIFIEE
RARE ET INCONNUE JUSQU'A PRESENT
DECOUVERTE DANS
L'EIFEL DU DUCHÉ
DE
JULIERS.

§. I.

Cette Coquille pétrifiée doit être placée sans doute au Nombre des plus rares & des plus distinguées, & je suis le premier, qui donne Connaissance de sa Découverte, en décrivant sa Figure. C'est un Conchite bivalve, dont les deux Battans sont inégaux, dont le Tour fait un Demi-Cercle & dont la Pointe est épaisse & se termine en Demi-Rond relevé (*). Elle

 méri-

(*) *Conchites duabus Testis inæqualibus instructus, anteriorem partem Sandalii perfectissimè referens.*

mérite par la Figure singuliere, une Place particuliere parmi les Testacées pétrifiés (**).

§. II.

La premiere Figure (*Fig.* 1.) réprésente ce Conchite sans Couvercle, la seconde Figure (*Fig* 2.) réprésente le Couvercle détaché. Sa Figure en général est conique, quand on la tient débout, elle ressemble à une Pantoufle de Femme sans Talon, ainsi nous lui donnerons le Nom de *Pierre à Pantoufle*. Il y en a de plus pointues les unes

(**) En parlant de Testacées ou Vers testacées, nous entendons parler d'une Classe d'Animaux marins, qui au lieu d'une Peau ou d'un Couvercle, sont munis d'une Ecaille dure; cette Classe générale est subdivisée: 1)

unes que les autres, quelques unes sont longues & moins épaisses (*Fig.* 4. 5.) & il s'en trouve aussi, qui sont raccourcies & larges à l'Ouverture ou au Bord (*Fig.* 3. 7.).

§. III.

Ces Coquilles pétrifiées sont rondes & élevées en bosse par le haut, mais plattes par le

---

1) En Animaux aquatiques testacées durs, (*Ostracodermata*, *Testacea*, *Testata*, *Conchylia*) qui ont des Demeures ou Ecailles dures; par Exemple les Vers de Mer, *Vermiculi*, les Moules, *Conchæ*, les Escargots, *Cochleæ* &c. 2) En Animaux aquatiques à Coquilles molles (*Malacodermata*, *Malacostraca*, *Malacostrea*, *Crustacea*, *Crustata*) dont les Demeures sont molles, par Exemple les Ecrevisses, *Cancri*, les Herissons de Mer, *Echini* &c. &c

le bas, & c'eſt par là qu'elles reſſemblent ſi fort à la Pantoufle d'une Femme; le Plat inferieur eſt plus ou moins arrondi, la Pointe étant toujours relevée (*Fig*. 1. *Lit*. *a*. *Fig*. 8). Outre celà on rémarque dans preſque toutes ces Pétrifications de petites Cotes relevées, qui ſe trouvent tout au tour, ainſi que le répréſentent la quatrieme & cinquieme Figure (*Fig*. 4. *Lit*. *c*. *c*. *Fig*. 5. *Lit*. *b*. *b*.) mais en dehors ſur le Couvercle (*Fig*. 6. *Lit*. *d*. *Fig*. 3. *Lit*. *e*.) ces Cotes vont circulairement & forment préciſément un demi Cercle; elles ſont de Largeur inégale & quelquefois même il n'y en a pas. Elles commencent à la Pointe (*Fig*. 1. *Lit*. *a*.) & vont ainſi de travers juſqu'à l'Ouverture (*Fig*. 1. *Lit*. *f*. *f*.) c'eſt à dire juſqu'au Bord. Dans la troiſieme & cinquieme Figure, on voit ces Cotes diſtinctement.

§. IV.

§. IV.

La premiere & la huitieme Figure (*Fig.* 1. 8.) nous font voir ce Coquillage ſans Couvercle (qui eſt la petite Ecaille) auquel on remarque (*Lit. f. f.*) l'Embouchure & l'Eſpace interieur dans lequel l'Animal a fait ſa Démeure, la Conſtruction en eſt toute particuliere & le Creux interieur ne tient que la Moitié de la Place, ainſi l'Animal y à été fort à l'étroit, à moins qu'il ne fût très petit. Ce Creux ſe retrécit vers la Pointe, & du Centre interieur l'on remarque certaines Cotes légerement tracées, qui s'avancent vers l'arrondiſſement de l'Ouverture ou du Bord; cela ſe voit diſtinctement (*Fig.* 1. *Lit. f. f.*). Quand on conſidere l'interieur du Couvercle, il parait que ces Cotes fines depuis (*Lit. g. g.*) contre (*Lit. h.*) ſont tracées en Droiture. En général le Couvercle & la Coquille ſont fort épais.

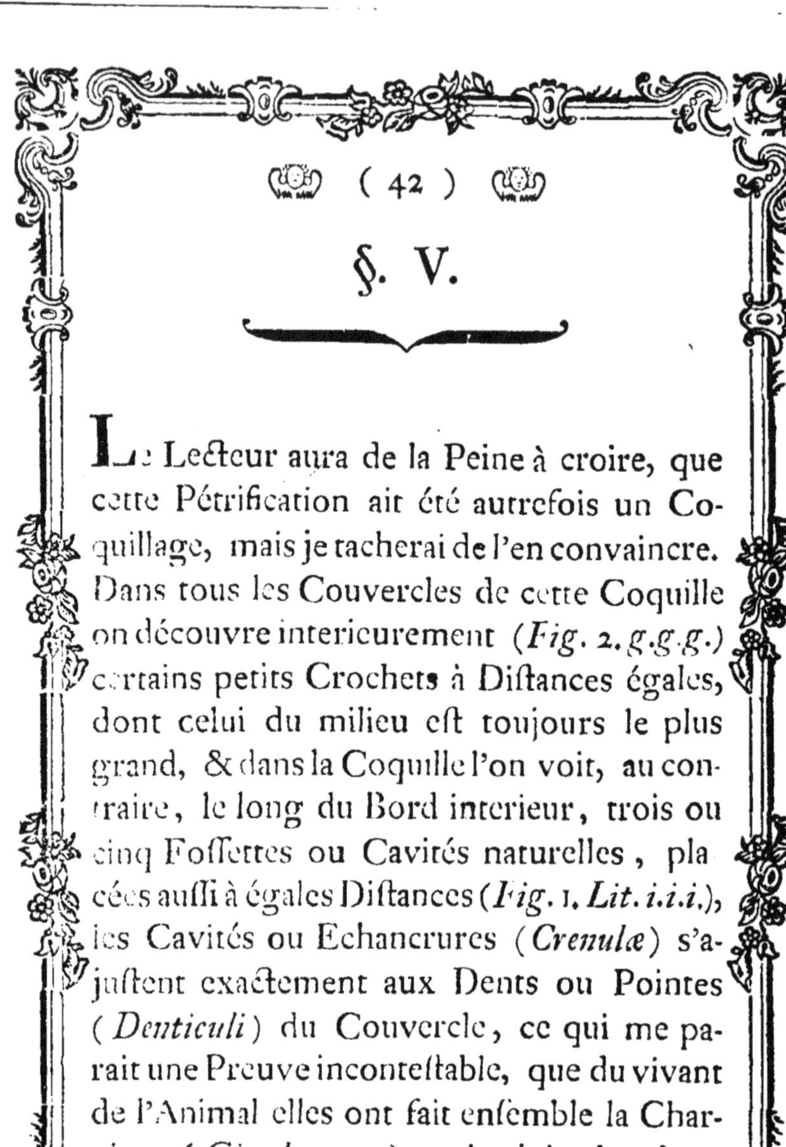

§. V.

Le Lecteur aura de la Peine à croire, que cette Pétrification ait été autrefois un Coquillage, mais je tacherai de l'en convaincre. Dans tous les Couvercles de cette Coquille on découvre interieurement (*Fig.* 2. *g.g.g.*) certains petits Crochets à Distances égales, dont celui du milieu est toujours le plus grand, & dans la Coquille l'on voit, au contraire, le long du Bord interieur, trois ou cinq Fossettes ou Cavités naturelles, placées aussi à égales Distances (*Fig.* 1. *Lit. i.i.i.*), les Cavités ou Echancrures (*Crenulæ*) s'ajustent exactement aux Dents ou Pointes (*Denticuli*) du Couvercle, ce qui me parait une Preuve incontestable, que du vivant de l'Animal elles ont fait ensemble la Charniere (*Ginglymum*), qui a joint les deux Ecailles (*Fig.* 1. *Fig.* 2.) pour produire en s'ouvrant ou en se refermant le même Effet, que

que fait la Charniere d'une Tabatiere (*). L'Expérience confirme notre Sentiment : l'on n'a qu'à jetter les Yeux ſur les Coquilles bivalves ; par Exemple ſur le Tellines, Huitres épineux &c. que l'on trouve en grande Quantité dans la Mer, pour découvrir qu'elles ont toutes, les unes de grandes Dents & des Foſſes profondes, les autres de petites Pointes & de petites Cavités proportionnées, de Façon qu'en joignant les deux Ecailles, les Dents entrent exactement dans les Cavités & tiennent ferme enſemble.

§. VI.

(*) Quelquefois l'on ne voit dans ces Pierres qu'une Foſſette au milieu *(Fig. 8.)*, les autres ont manqué, ou bien elles ſe ſont uſées par accident. Au contraire l'on remarque dans d'autres Couvercles, que les deux petites Dents également éloignées de la grande, ſont de nouveau partagées en trois moindres, très ſubtiles & jointes enſemble.

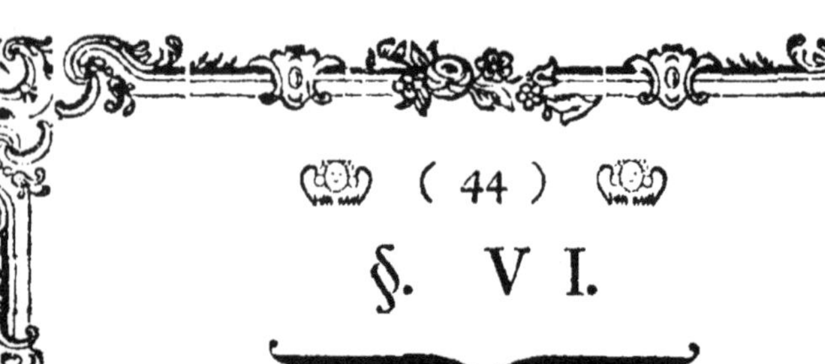

§. VI.

Pour examiner plus à mon Aiſe la véritable Conſtruction de cette Pierre à Pantoufſle, j'en ai fait polir quelques unes, dont les Creux étaient entierement remplis d'une Eſpèce de Pierre; elles ſont émoulues du coté du Bord ou de l'Ouverture. Après avoir fait emporter une Partie du Couvercle, je découvris la Dent ou Crochet du milieu, qui eſt le plus long; il ſe tient encore ferme dans la Foſſe ou Creux, auquel il répond (*Fig. 7. Lit. k.*) l'une & l'autre Ecaille étant pétrifiée & la Coquille ou la Moule fermée, le Crochet a du reſter dans ſa Poſition naturelle (*Fig. 7. Lit. k.*). Je penſe que cette Obſervation ſuffit pour prouver l'Exiſtence & la Conſtruction de la Charniere, qui a ſervi à fermer cette Coquille bivalve; mais il ſe trouve des Demi-Savans, qui en grands Genies, attribuent au ſeul Hazard toutes les Conformations

rares

rares de différentes Pierres & prétendent, qu'elles ne ſont qu'un ſimple Jeu de la Nature. Ils pourraient douter auſſi, que le Couvercle appartienne à la Coquille pétrifiée. Pour les convaincre, j'ai produit (*Fig.* 3. *Lit. e.*) ce Teſtacée pétrifié avec le Couvercle, tel qu'il tient deſſus; il ſert de Preuve, que toutes les Coquilles de cette Eſpèce ont eu leurs Couvercles, & je démontre par là, comment ils ſe trouvent fermés. J'ai pourtant été ſurpris d'en rencontrer ſi peu avec leur Couvercle; mais j'en ai deux complettes, cela ſuffit pour confirmer ce que j'avance. Comme la plus part ſont à découvert, quelques Connoiſſeurs, à qui je les ai envoyées, ont été par là induits à croire, que c'étaient des Fongites ou Eponges de Mer pétrifiées.

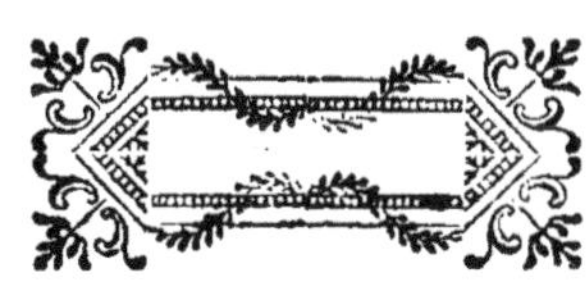

§. VII.

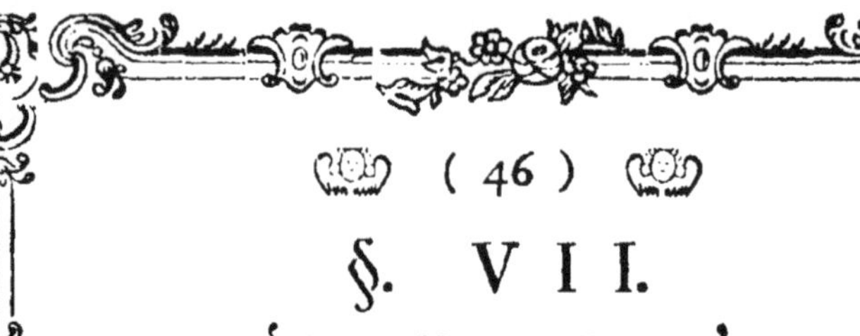

§. VII.

La quatrieme Figure (*Fig.* 4.) nous offre une Coquille pétrifiée de la même Espèce du Coté du Dos ou bien d'enbas & la cinquieme (*Fig.* 5.) nous en répréſente le Coté ſuperieur. Sur la Coquille pétrifiée telle qu'elle eſt repréſentée (*Fig.* 4. 5. *Lit. l. m.*) l'on voit encore le Couvercle ou la petite Ecaille qui eſt un peu ſeparée de l'Embouchure, de façon pourtant, qu'elle y reſte attachée par une Matiere pierreuſe, qui la joint à l'autre Ecaille. La ſixieme Figure (*Lit. d.*) répréſente la Partie ſupérieure de ce Coquillage (*Fig.* 4. 5.) avec ſon Couvercle, il eſt facile d'en examiner la Superficie (*Lit. d.*) & il eſt impoſſible d'attribuer cette Poſition au hazard; ainſi qu'on le voit dans d'autres Pétrifications, où une Moule, un Eſcargot ou autre Choſe pareille eſt attachée ſur quelque Plante marine, avec laquelle elle eſt pétrifiée. Ici c'eſt tout le contraire (*Fig.* 4.

5.

5.6. *Lit.b. b.c.c.*) nous témoignent, que le Couvercle (*Lit. d. l. m.*) convient à l'Ouverture & que par conſéquent chaque Coquille de cette Eſpèce a eu ſon Couvercle en particulier.

§. VIII.

Ayant ainſi fait voir d'une Façon convaincante, que cette Eſpèce particuliere de Pétrification a été jadis une véritable Coquille bivalve, il eſt tems de lui donner un Nom; & puiſque je ſuis, ſans Vanité, le premier, autant que je ſache, qui l'aie découverte & décrite, j'eſpère que les Cultivateurs de l'Hiſtoire naturelle m'accorderont par Reconnaiſſance ce Privilège de la baptiſer. Cela me cauſe pourtant certain embarras, ne voulant pas augmenter le Nombre des Mots barbares, dont l'Hiſtoire naturelle fourmille; car pluſieurs Naturaliſtes de Gout délicat ſont allarmés à juſte Titre de

la

la prodigieuſe Quantité de Mots étrangers, la plupart grecs, que l'on a déjà adoptés, depuis que l'on traite à fond & que l'on enrichit avec ſoin l'Hiſtoire naturelle. Mais je me ſouviens d'un Uſage reçu dans cette Science, qui eſt de donner aux Pétrifications des Noms tirés de la Reſſemblance qu'elles ont avec d'autres Corps naturels ou artificiels: ainſi certaine Eſpèce de Pétrification à été nommée Trochites, parce qu'elles ſont aſſés ſemblables à une Roue. Une même Reſſemblance a fait donner le Nom à pluſieurs autres Coquillages pétrifiés, comme aux Bucardites, qui ont la Figure d'un Cœur & à certains Coquillages le Nom de Helicite, parce qu'ils reſſemblent aux Lentilles.

§. IX.

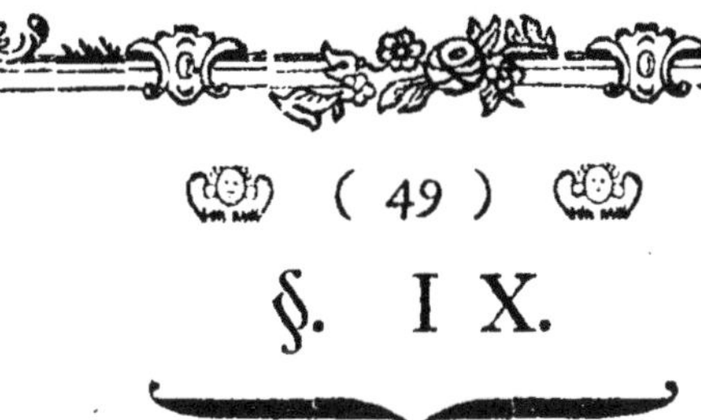

§. IX.

Puisque notre Coquillage nouvellement découvert ressemble au devant d'une Pantoufle de Femme (*Fig.* 8.), nous pourrons l'appeller SANDALIOLITE, SANDALITE (*),

D CRE-

(*) Le Lecteur ne m'accusera pas d'une Espèce de Pédantisme, si j'ajoute le Nom latin de ce Coquillage pétrifié jusqu'à présent inconnu, puisqu'il n'a ni Nom allemand, ni latin; ainsi j'appelle en latin *Crepites & Sandalites*, *Crepidolithus & Sandaliolithus*, Mots composés du Grec. Κρηπισ *(Crepida)* veut dire une Pantoufle & Σανδάλιον *(Sandalium)* Pantoufle de Femme & λίθος *(Lithus, Lapis)* signifie en général une Pierre. Il me sera donc permis de donner à ma Pierre à Pantoufle une Dénomination latine synonime

CREPITE, CREPIDOLITE (*Sandaliolithus*, *Sandalites*, *Crepites*, *Crepidolithus*, *Pantoffelstein*, *Pantoffelmuschel*, *Pantoffelmuschelstein*). Il ne s'agit que de savoir si certains Con-

---

nime & à mon Terme allemand, d'autant plus, que je suis zélé pour donner un Supplément à certains Amateurs de l'Histoire naturelle, qui font consister un grand Savoir à pouvoir nommer un Nombre de Termes d'Art minéralogique. La Mode est ancienne dans l'Histoire naturelle de forger un Mot latin composé de deux Mots grecs. Ils sont aussi reçus dans les autres Sciences, comme les Monnoyes courantes. Nombre de ces Termes se trouvent dans l'Oryctographie p. E. *Tubulites*, *Conchites*, *Cochlites*, *Phytolithes*. Cet Usage est très louable, puisqu'on lui doit la facilité de nommer une Chose par un seul Mot. Un savant Médecin français, Mr. de SAUVAGES, dit très bien: *Idem*

Connaiſſeurs d'un Gout très délicat voudront bien recevoir le Nom, que je viens de donner à mon Conchite. Mais je leur laiſſe très volontiers la Liberté de l'apeller, comme ils le jugeront à propos.

 §. X.

Idem per pauciora potius, quam per plura dicendum eſſe ſana dictat Ratio. Je promets donc à mon Lecteur, que je ne me donnerai jamais pour Inventeur de nouveaux Termes, je conſerverai les anciens. Mais les Amateurs & Connaiſſeurs des Raretés naturelles m'approuveront, ſi je ſoutiens, qu'il eſt louable & néceſſaire de donner un nouveau Nom intelligible à un Corps, qui juſqu'à préſent n'en a point eu.

§. X.

Les Naturaliſtes étrangers, qui croient que la Nature bienfaiſante en diſtribuant ſes Dons, a oublié notre Baſſe-Allemagne, connaitront par la Déſcription de cette préſente Pétrification, que le Terroir de ce Païs-là nous a fourni des Productions de la Nature auſſi remarquables que rares. Les Païs palatins, ſavoir les Duchés de Juliers & de Berg ſont remplis de Foſſiles & de Minéraux, ainſi que nous le ferons voir dans la Continuation de l'Hiſtoire naturelle de la Baſſe-Allemagne. Le Lieu natal de ce Conchite eſt l'Eifel (*) dans le Païs de Ju-

(*) L'Eifel (*Eiflia, Ripuaria, Eiſalia*) priſe en général eſt une grande Contrée partagée en pluſieurs Domaines. Une Partie eſt du Duché de Juliers, une autre du Département de Treves, & une autre du Du-

Juliers appartenant à l'Electeur palatin. Il ſe trouve auſſi dans d'autres Cantons voiſins. Les Pétrifications de l'Eifel ſe trouvent, comme en Suiſſe, diſperſées ſur les Montagnes, où il ſe rencontre auſſi d'autres Teſtacées pétrifiés, Coralloïdes Foſſiles &c.

Duché de Luxembourg; en particulier c'eſt un Canton ſitué entre les Païs de Juliers, de Cologne, & de Treves, confinant au Luxembourg, dans lequel ſe trouvent le Duché d'Aremberg, les Comtés de Blankenheim, Schleiden, Reifferſcheidt, l'Abbaye de Steinfeld &c. &c. Ceux, qui ne connaiſſent pas la juſte Diſtribution des Bienfaits de la Nature, ont conçu le Préjugé, que l'Eifel eſt un Païs déſert, inculte, ſtérile, mais je ſoutiens ſans Partialité, que cette même Contrée eſt heureuſe, tant par la Salubrité du Climat, que par la Fertilité du Terroir. L'Agriculture y fleurit,

Je possede dans mon Cabinet une Collection considérable de Pétrifications trouvées dans l'Eifel, que j'ai rassemblées dans la vue de donner une Histoire naturelle de ce Païs.

§. XI.

Il est riche en Bois & Paturages, surtout il produit des Fossiles merveilleux. Il s'y trouve des Carrieres de Marbres, des Mines de différens Métaux & d'autres Produits nécessaires aux Hommes, qui manquent souvent dans d'autres Provinces d'une grande Fertilité.

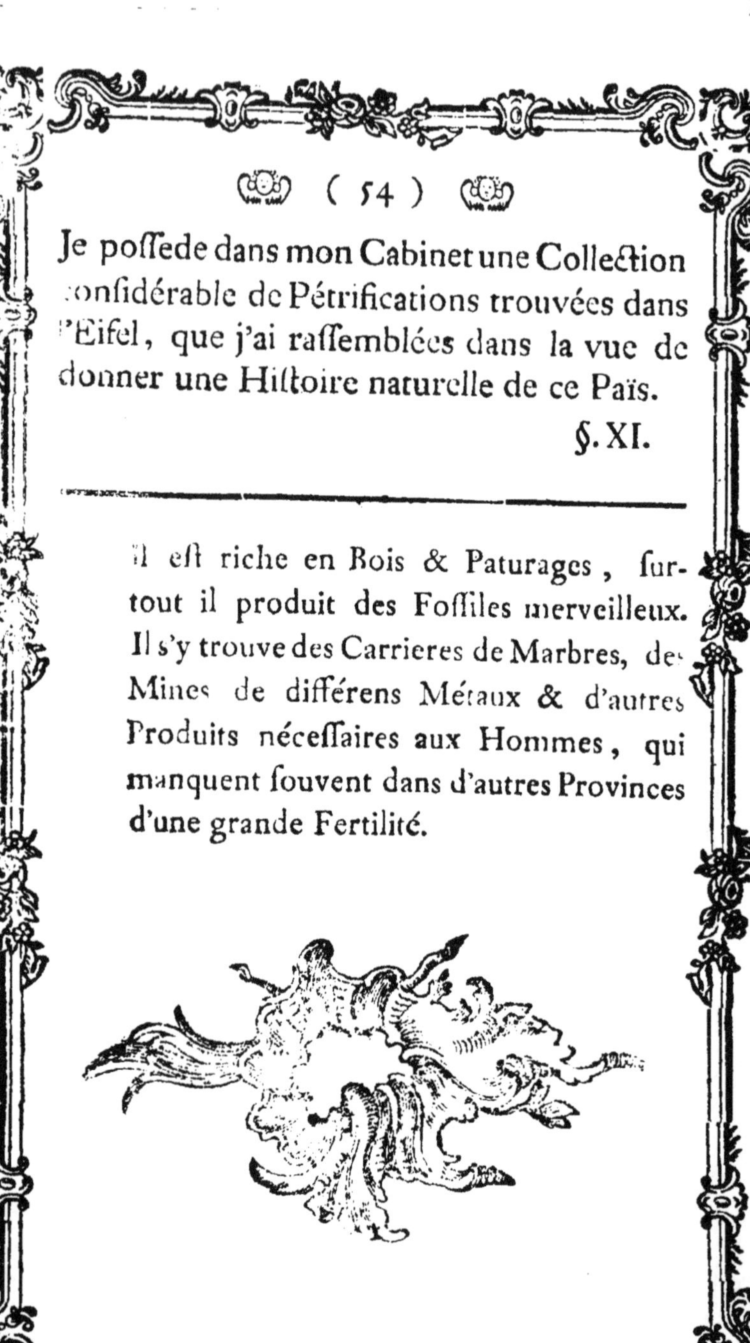

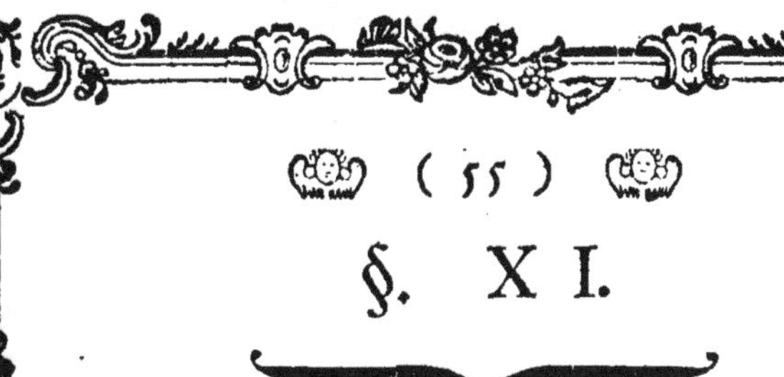

§. XI.

Quiconque a fait le premier pas dans l'Histoire naturelle ſe convaincra d'abord de la la Rareté de notre Pierre à Pantoufle (*).

(*) J'ai une Preuve en main par laquelle il parait, que cette Pierre a été juſqu'à préſent inconnue aux principaux Naturaliſtes étrangers: c'eſt une Lettre du 16. Juin 1766. que mon cher Ami, Mr. ALBERT SCHLOSSER, Membre de la Societé royale de Londres, me fit l'Honneur de m'écrire d'Amſterdam à ce Sujet en ces Termes: *Parmi la Collection, dont vous m'avés enrichi, vos Sandalites brillaient ſur tout le reſte: je vous en remercie particulierement. Je n'avais jamais encore vu cette Eſpèce de Pétrification, laquelle je crois auſſi être une nouvelle Découverte, qui peut & doit vous faire*

Premierement il eſt aſſés connu, que l'on trouve dans la Terre habitée pluſieurs Moules & Eſcargots pétrifiés, dont l'Original ne ſe rencontre plus dans la Mer. Par Exemple l'on n'a trouvé dans aucune Mer des Teſtacées comparables aux Gryphites & aux Belemnites (**) &c. Je crois que l'on n'a

faire Honneur. Mais permettés - moi de vous demander, ſi vous les rangés parmi les Coquilles: c'eſt à dire, ſi vous les croyés être une Eſpèce inconnue & nouvelle de Belemnites ou Nautiles droits? ou ſi vous les rangés parmi les Coraux & Champignons de la Mer? C'eſt, ſi je ne me trompe pas, à cette derniere Famille des Etres, qu'ils reſſemblent le plus, &c.

(**) Ce que je dis eſt confirmé par le Témoignage de pluſieurs Auteurs, entr'autres de Mr. Gesner: *Etſi ex Muſeographis integros Catalogos conſicere liceret Teſta-*

n'a pas non plus rencontré dans la Mer une Coquille bivalve ſemblable à notre Sandaliolite. Il eſt d'autant plus remarquable, qu'il a été inconnu aux plus grands Connaiſſeurs & qu'il manque dans les plus abondantes Collections; ainſi je conjecture, qu'il ne ſe trouve pas également partout & c'eſt par là même, qu'il mérité une Place diſtinguée

---

ſtarum, Animalium & Vegetabilium petrificatorum, quæ cognitas ſpecies nativas accuratiſſimè referunt, inveniuntur tamen plurima Teſtacea foſſilia, quorum Analoga nec in marinis, nec in fluviatilibus aut lacuſtribus, nec in terreſtribus hactenus detecta ſunt. In tanta copia, magnitudine & varietate Cornuum Ammonis foſſilium præter unum Lituum ſeu Orthoceratitem foſſilem & Cornua minutiſſima inſtar arenularum obvia nullum habetur, quod Teſtaceo marino comparari poſſit. Conchæ anomiæ quas Terebratulas vocant læves & ſtria-

parmi les Coquillages pétrifiés. Il eſt vrai, qu'il y a des Pétrifications très rares dont l'Original eſt inconnu, mais celles-là ſe trouvent en pluſieurs Endroits. J'ai envoyé la Pierre à Pantoufle (Sandaliolite) à pluſieurs Connaiſſeurs en Allemagne, en France, en Angleterre, en Suede, en Suiſſe, en Eſpagne, en Pologne. &c. Le plus grand Nombre de

---

ſtriatæ. Oſtrea roſtro incurvo Gryphitæ dicta, Belemnitæ adeo copiosè inveniuntur, ut integra plauſtra colligere liceret, nec tamen quod reſpondeat marinum uſquam repertum novimus. Tract. phyſ. de Petrificat.part.2.cap.7.pag.95. Meſſieurs Baumer, Gesner, Wallerius, & autres Naturaliſtes marquent, que l'on ne trouve pas l'Original de la Terebratule, mais apparemment, c'eſt après quel eurs Ecrits ont paru, que l'on a découvert les Originaux des deux Terebratules, c'eſt à dire l'unie & celle à ſtries; pluſieurs Perſonnes nous l'an-

de ceux, qui m'ont communiqué leur Sentiment, croient que c'eſt une Eſpèce toute particuliere de Plante marine pétrifiée, que l'on appelle Fongites. D'autres Naturaliſtes ſe ſont imaginés, que cette Pierre était le Bout d'un Coquillage, d'autres que c'était une Dent d'un Poiſſon (†) que l'on nom-

---

l'annoncent & même en 1766. un Ami de Cadix m'envoya l'une & l'autre Terebratule ſemblable, en tout à celles, que l'on trouve dans l'Eifel & dans le Duché de Berg; leur Coquille eſt relevée en boſſe, blanchatre, tranſparente & très mince. La Découverte de la Terebratule fait eſpérer aux Cultivateurs de l'Hiſtoire naturelle, que l'on trouvera encore d'autres Originaux de Corps pétrifiés par les Recherches fréquentes & zélées, que l'on fait de nos Jours.

(†) C'eſt à cauſe d'une Dent pétrifiée d'un Poiſſon vorace nommé Carcharias ou Lamentin, qui ſont triangulaires pointues &

nomme Gloſſopetre. Mais je ne puis pas leur reprocher d'avoir méconnu ma Pierre à Pantoufle & de n'avoir pas ſçu ce que c'etait ; car il arrive, que le Connaiſſeur le plus pénétrant ſe trompe ſouvent, en voyant une Pétrification nouvelle, dont il eſt très difficile de déterminer l'Origine, le Genre & l'Eſpèce, quand il n'a pas l'Original, pour en faire la Comparaiſon. Notre Siecle étant fort éclairé il peut ſe flatter à juſte Titre d'avoir enrichi l'Hiſtoire naturelle & pluſieurs autres Sciences d'un Nombre de Découvertes très remarquables & très importantes. Malgré celà, nous laiſſerons encore bien de l'Ouvrage à faire à la Poſtérité.

§. XII.

& Couleur de Cendre fauſſement dites Gloſſopetres (*Gloſſopetræ, Odontopetræ*) que pluſieurs Amateurs ont cru, que notre Conchite était la même choſe.

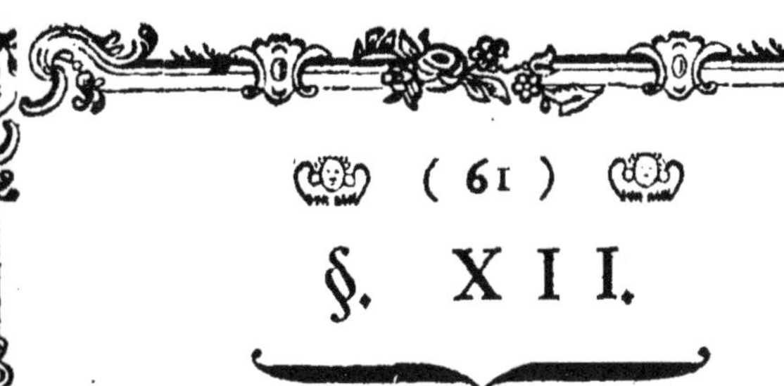

§. XII.

Curieux moi-même de m'instruire à fond de l'Origine & de la Nature de ce Testacée pétrifié, j'en ai fait polir plusieurs Pieces encore fermées de leur Couvercle, pour trouver quelques restes de l'Animal pétrifié, la plupart se sont trouvées remplies d'une Matiere calcaire. Ceci ne prouve pourtant pas, que la Pierre à Pantoufle ne soit une veritable Coquille, puisque la pluspart des Coquilles & des Escargots pétrifiés ne contiennent aucune Trace de l'Animal, qu'elles ont renfermé étant presque toutes remplies d'une Matiere pierreuse, semblable en Substance à leur Matrice. Dans quelques unes de ces Pierres, j'ai trouvé une Matiere de Quartz, ou Selenite crystallin. Ce qui a confirmé mon Opinion; puisque dans plusieurs Pierres figurées d'un Poisson, que l'on trouve dans les Ardoisieres d'Allemagne, l'on remarque, que les Parties charneu-

ses

ſes de ces Poiſſons renfermées entre les Ardoiſes blanches ont été changées en Sélénite criſtalliſé. Je ne crains pas d'avouer naïvement à mon Lecteur, que c'eſt peut être l'Ouvrage de l'Imagination, ſi j'ai cru, que cette Matiere de Quartz devait abſolument être les Reſtes de l'Animal autrefois habitant de notre Pierre à Pantouſle; je ne ſoutiendrai pas fermement ma Conjecture. Il arrive ſouvent, que les Moules ou Eſcargots pétrifiés ſont remplis de ces Sélénites criſtaliſés & même de quelques Criſtaux pointus. On en a trouvé de cette Eſpèce dans les Carrieres de Marbre près de Bensberg au Duché de Berg; leur cavité contenait une Criſtalliſation blanchatre, faible & d'une grande Denſité, compoſée de petits Criſtaux pointus & à facettes. Mr. ABILDGAARD en parle dans la Déſcription, qu'il nous a donnée de Stevensklint, où il a trouvé des Echinites, qui contenaient dans leurs Cavités des Criſtalliſations. Dans ma Collection même je poſſede des Ammonites trouvés en Lorraine criſtalliſés intérieurement; mais

ces

ces Criſtalliſations découvertes dans des Eſcargots, Moules & Ourſins ne prouvent aucunement que celle, que l'on voit dans la Pierre à Pantoufle, ne ſoit pas l'Animal véritable; ancien Habitant de ce Teſtacée, puiſque l'Hiſtoire naturelle nous fournit des Exemples pareils & que les Cabinets nous montrent des Moules & Eſcargots, dans lesquels l'Animal eſt pétrifiée. J'ai moi-même un Ammonite mineraliſé & un Oſtracite, dans lesquels l'Animal ſe tient encore tout pétrifiée.

§. XIII.

§. XIII.

J'ai examiné plus exactement le Genre de Pierre contenu dans le Sandaliolite pour pouvoir déduire de là ſon Origine d'une Façon inconteſtable. J'ai remarqué qu'elle eſt de la même Nature que les autres Corps pétrifiés. La plupart des Pétrifications, Calcinations ou Mineraliſations, ſont ordinairement changées dans la même Matiere ou Eſpèce de Pierre, ou de Metal, dont eſt compoſée la Matrice, dans lesquels ils ſe trouvent. Ordinairement ils lui ſont en tout ſemblables, tant à l'égard de leur Compoſition, que de leurs plus petites Parties; ceci n'exige pas une longe Démonſtration: car les Teſtacées calcinés contiennent une Chaux; pareille à celle que l'on trouve dans la Terre de Craye. Les Moules ou Eſcargots minéraliſés ſe trouvent dans les Terres métalliques ou dans les Pierres minérales ou dans les Mines de Métaux, Les Pierres

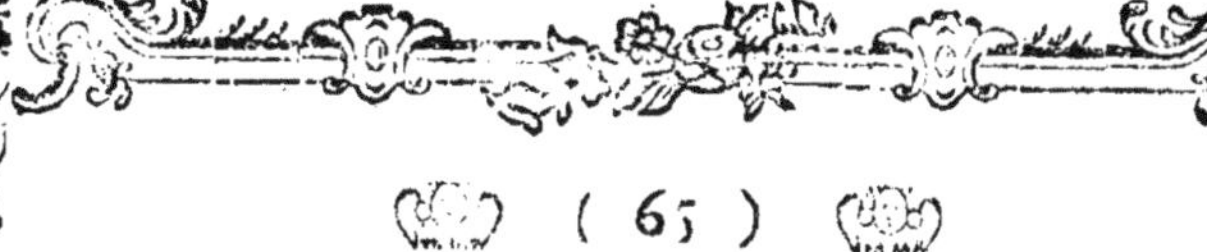

Pierres à Pantoufle, sont la plupart changées en Pierre calcaire, la plus grande Partie des Plantes marines ou Coquillages pétrifiés, qui se rencontrent dans l'Eifel, sont de même Nature. Un simple Essai nous assure de cette Vérité, en y jettant de l'Eau commune de puit, elles fermentent doucement. La Pierre à Chaux de Couleur grise se trouve en Quantité dans l'Eifel, puisque cette Province est remplie de Carrieres de Marbre & que la plupart des Pierres dispersées & repanduës sur les Montagnes ou dans les Vallées sont de ces Pierres à Chaux grises; cette Quantité de Pierres calcaires grisatres nous donne lieu de croire, que les Montagnes calcaires formées par les Inondations couvrent la plus grande Partie de la Surface de ce Païs & des Provinces voisines.

§. XIV.

En éguiſant le Sandaliolite, je n'ai pas ſeulement remarqué, qu'il contient une Subſtance ſemblable à celle, qui compoſe les Coquillages; parce qu'en l'éguiſant ſur une Pierre ſabloneuſe, elle exhale une mauvaiſe Odeur de Corne, ce qui eſt une Preuve certaine, que le Sandaliolite eſt de l'Eſpèce des Coquillages. L'Expérience nous aprend, que pluſieurs Sortes de Coquilles & d'Eſcargots pétrifiés p. E. les Belemnites, étant fortement frottés, produiſent la même mauvaiſe Odeur, laquelle étant ſemblable à la Puanteur de la Corne brulée, dénonce l'Eſpèce des Particules animales qu'elles contiennent: Pluſieurs Coquillages non pétrifiés & ſortans de la Mer, ont une ſemblable Odeur de Corne, quand ont les met ſur des Charbons ardens ou bien quand on les frotte bien fort. Cette Preuve confirme, que le Sandaliolite apartient au Regne animal

mal (*) & que sa Composition contient une Partie de Particules calcaires & une autre d'animales.

E 2 §. XV.

(*) Pour confirmer cette Assertion j'ajoute, que j'ai trouvé des Pieces de ce Coquillage pétrifié rongées & forées par les Vers marins, ce qui vraisemblablement a été fait avant la Pétrification, puisqu'il se trouve encore journellement dans la Mer une Quantité de Moules & d'Escargots, où les Vers marins ont fait des Trous; ce que l'on n'observe pas si fréquemment dans d'autres Corps marins. Mais les Demeures des Animaux à Coquilles sont les plus exposées à ces Insectes rongeans ou Vers de Mer. La Pierre à Pantoufle se trouve souvent couverte de petits Tuyaux faits par les Vers & de leurs Oeufs; ainsi l'Origine de cette Pierre est facile à conjecturer.

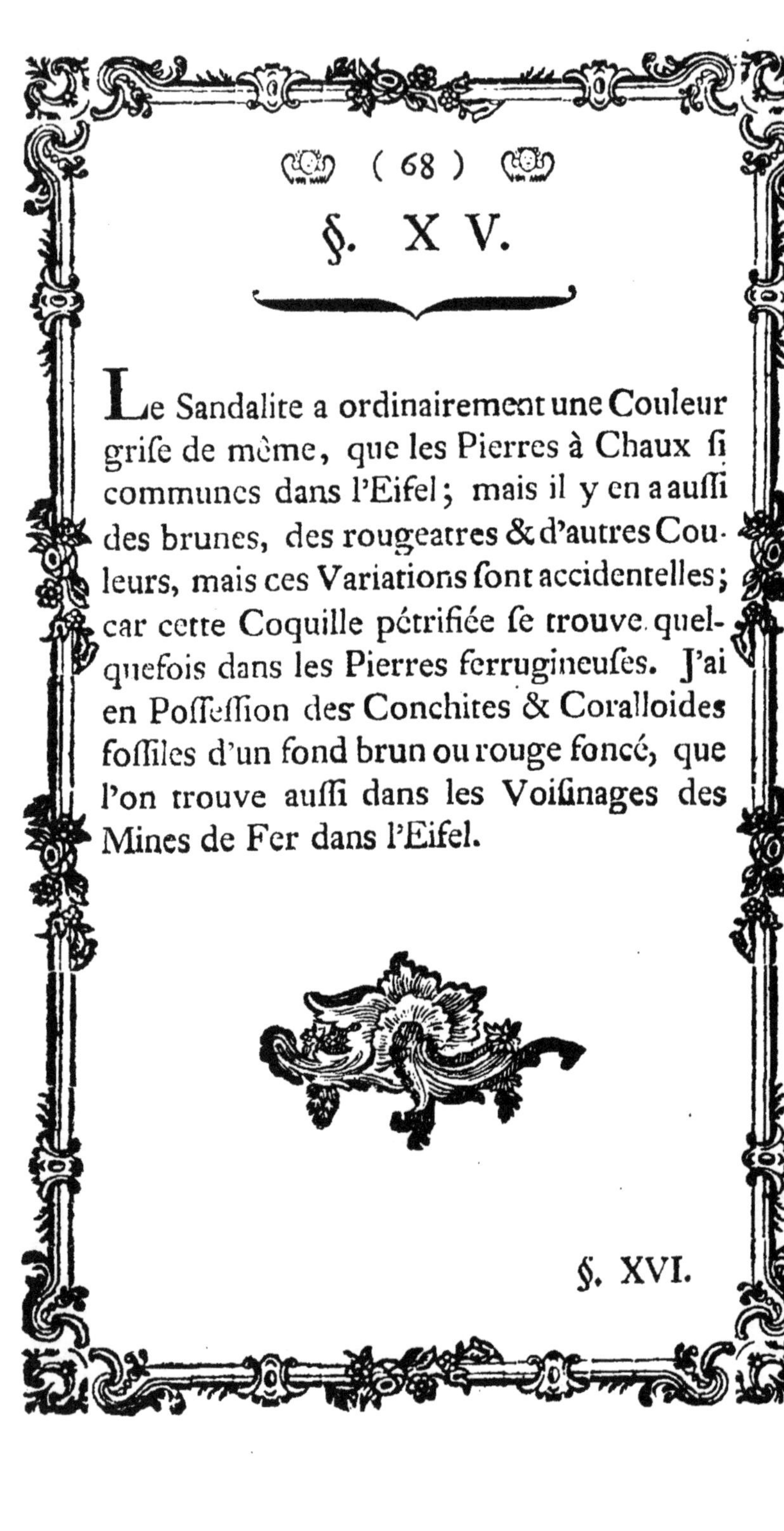

§. XV.

Le Sandalite a ordinairement une Couleur grise de même, que les Pierres à Chaux si communes dans l'Eifel; mais il y en a aussi des brunes, des rougeatres & d'autres Couleurs, mais ces Variations sont accidentelles; car cette Coquille pétrifiée se trouve quelquefois dans les Pierres ferrugineuses. J'ai en Possession des Conchites & Coralloides fossiles d'un fond brun ou rouge foncé, que l'on trouve aussi dans les Voisinages des Mines de Fer dans l'Eifel.

§. XVI.

§. XVI.

Puiſque j'ai ainſi enrichi le Regne animal de la préſente Découverte, & de la Connaiſſance d'une nouvelle Eſpèce de Coquillages, (*) il reſte à decider à quel Genre de Moules

 pétri-

(*) On ne ſauroit m'accuſer d'une Eſpèce de Vanité, quand je me flatte, qu'il faut que l'on m'ait autant d'Obligation d'avoir fait connaitre cette Eſpèce de Coquillages & d'autres Découvertes de la même Claſſe, qu'à d'autres Naturaliſtes, qui ont décrit les premiers d'autres Coquillages pétrifiés d'Eſpèce commune; car les Sandalites ſe trouvent presque tous ſans Couvercle, ainſi elles ne portent aucun Caractere de Coquillages & ſont par conſéquent peu reconnaiſſables par leur Conformation,

ayant

pétrifiées il apartient. Certains Collecteurs de Curiosités naturelles, qui poussent très loin leurs Scrupules au Sujet des Classifications, seront dans de grandes angoisses, pour déterminer dans quelle Place & avec quelles autres Pétrifications il serait à propos de placer le Sandalite; pour abreger autant qu'il est possible leur Incertitude, je dirai mon Sentiment, sauf meilleur Avis. Suivant la Description que j'ai donnée de ma nouvelle Découverte, cette Pétrification prend place 1°. parmi les Coquillages pétrifiés nommés Conchites (*Conchitas sive Testacea petrefacta vasculosa*). 2°. Parmi les Conchites bivalves (*Diconchitas, Conchitas bivalves*), parce qu'elle a deux battans, savoir

---

ayant plutot la forme d'un Fongite feuilleté, que d'un Coquillage bivalve. Voila pourquoi les plus grands Connaisseurs en Europe, à qui j'en ai envoyés, l'ont pris pour un Fongite.

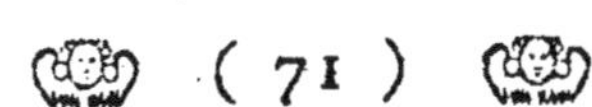

voir la Demeure de l'Animal & le Couvercle (§ 2. §. 5. §. 6) 3°. Parmi les Conchites anomies (*Conchitas bivalves, anomios*) puiſqu'un des Battans, ſavoir le Couvercle (*Fig. 2. Lit. b g. g. g.*) eſt beaucoup plus petit que l'autre, qui eſt la Demeure (*Fig. 1. Lit. a. f. f.*). Il eſt évident par là, que le Sandalite eſt du Genre des Conchites & de l'Eſpèce des Bivalves inégales (*Valvis ſeu Teſtis inæqualibus*); ainſi ſuivant ce qui eſt démontré (§. 1. §. 2.) le Sandaliolite eſt un Conchite bivalve anomie, de là les Connoiſſeurs, ſans offenſer l'Ordre des Claſſes des Pétrifications, rangeront impunément la Pierre à Pantoufle dans une Collection de Teſtacées pétrifiés (*Zoolithorum teſtaceorum, Oſtracodermatum petrificatorum*) entre les Anomites (*) ſavoir à Coté des Gry-

E 4 phites

(*) Il ſe trouve une Eſpèce particuliere de Moules, nommées Anomies; (*Conchæ ano-*

phites & Terebratulites. Si la place, que j'aſſigne à mon Sandaliolite, n'a pas le Bonheur de plaire aux Naturaliſtes, il leur eſt fort libre de le mettre où ils voudront, je n'en-

---

anomiæ) leur pointe eſt recourbée comme un Bonnet de Fou; les Allemans les nomment par cette Raiſon *Narrenkappen* & les Hollandais *Sootenkappe*. Il y en a d'univalves, que l'on peut ranger parmi les Patelles & des bivalves. Parmi les Coquillages pétrifiés, il y a auſſi deux Sortes d'Anomies, qui ont un Angle recourbé, ſemblables aux Bonnets des Foux. Les Coquilles pétrifiées s'apellent, ſuivant l'Original, Anomites (*Conchitæ anomii, Ægopodium*); les ſimples ſont du Nombre des Patellites, les doubles ſont des Diconchites ou Bivalves pétrifiées. Sous la Dénomination des Anomites l'on entend les Co-

n'entreprendrai aucune Dispute littéraire là-dessus; me contentant de l'avoir décrit, sans m'amuser à de pareilles Minuties.

 §. XVII.

Coquillages doubles pétrifiés dont les Ecailles sont d'inégale Grandeur; de cette Espèce sont les Gryphites, Terebratulites, Ostracites, &c. &c.

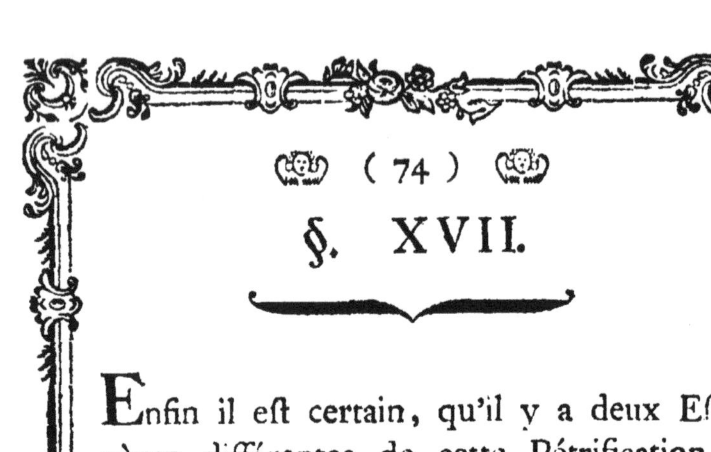

§. XVII.

Enfin il eſt certain, qu'il y a deux Eſpèces différentes de cette Pétrification; la forme en eſt aſſés ſemblable, mais quelques unes ſont plus larges par l'Ouverture & plus courtes (*Fig.* 1. 3. 7.), d'autres ſont plus étroites & plus longues (*Fig.* 4. 5. 8.) ainſi je pourrai la diviſer en deux Eſpèces ſubalternes.

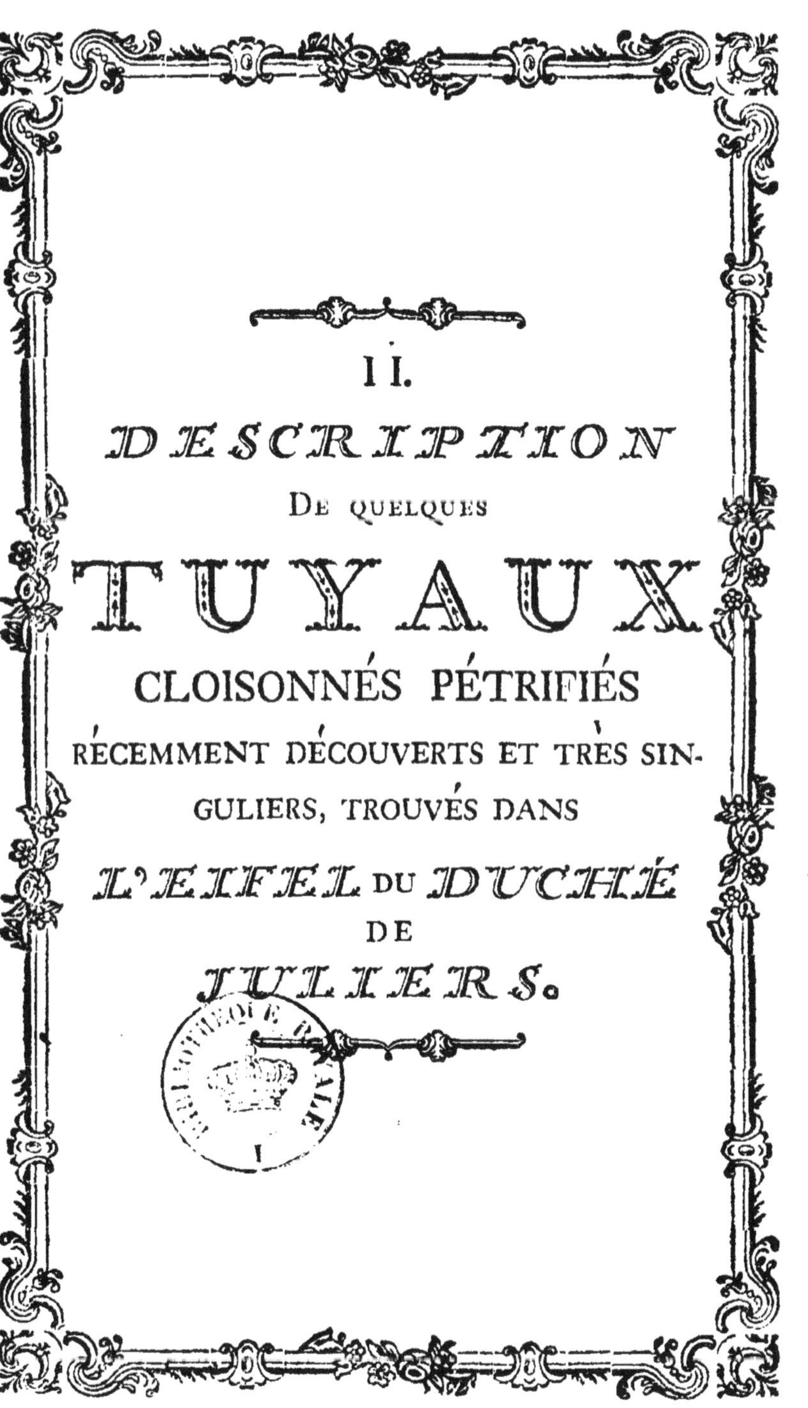

II.

DESCRIPTION

DE QUELQUES

TUYAUX

CLOISONNÉS PÉTRIFIÉS

RÉCEMMENT DÉCOUVERTS ET TRÈS SINGULIERS, TROUVÉS DANS

L'EIFEL DU DUCHÉ

DE

JULIERS.

§. I.

On a déjà trouvé dans plusieurs Contrées, depuis longtems, une Espèce singuliere de Coquilles en Forme de Cône, partagées en différentes Chambres, ou Cloisons. Mr. BREYNIUS habile Naturaliste en a donné le premier une Déscription, il les nomme ORTHOCERATITES (*); mais longtems avant lui mon Ami, Mr. JANUS PLANCUS, Naturaliste très-fameux, nous a fait connaitre ce Genre de Coquillages, tel qu'il se

(*) *Orthoceratite* est composé des Noms grecs *Orthon* (Ορθον) & *Ceras* (Κέρας), qui signifient une Corne droite.

ſe trouve dans les Sables de la Mer adriatique à Rimini (*). Il en a donné un belle Deſcription, de même que d'autres Coquillages juſqu'alors inconnus.

§. II.

Les Orthoceratites nous préſentent une Coquille ſemblable à un Tuyau ſans Contour en Forme d'Eſcargot: les Cercles, qui reſſemblent ſouvent à des Anneaux collés les uns ſur les autres (*Fig.* 9. 10.) ou aux Jointures de certains Vers, les entourent entiérement. Quand ils ſont entiers, ils ſont conſtruits comme des Cônes droits, mais il eſt rares de les trouver tels. La Pointe s'élargit juſqu'au bas. Un Orthoceratite parfait

(*) *Liber de Conchis minus notis in Littore Ariminenſi &c. Venetiis 1739. & Romæ 1760.*

parfait consiste en plusieurs Chambres (Cloisons) que l'on peut distinguer extérieurement. On trouve aussi des Chambres de ces Orthoceratites séparées du Corps, elles sont convexes d'un Coté & concaves de l'autre, comme un petit Plat. Au travers de chaque Chambre passe un Siphon (*Siphunculus*) assés large, qui correspond directement à celle, qui suit.

§. III.

Les petites Cellules séparées (Alvéoles) ne sont autre chose, à mon Avis, que la Matiere pierreuse, qui a rempli ces Chambres, qui vraisemblablement étaient vuides avant la Pétrification. Le Siphon, qui passe d'une Chambre à l'autre, parait avoir été le Passage de l'Animal, qui a jadis habité ce Coquillage; il a pu s'y tenir à l'Aide d'un Nerf, qui traversait le Siphon, tel que l'on en trouve dans les Nautiles. En conſidérant attentivement la Conſtruction des Nautiles on trouve, qu'ils ont du Rapport avec les Orthoceratites, avec cette Différence cependant, que ces derniers ſont coniques & que les premiers ont une Circonvolution ſpirale. Dans les Nautiles on trouve auſſi au milieu de chaque Cloiſon une petite Ouverture ronde, à laquelle eſt ſuſpendu un petit Tuyau, dont l'Embouchure repond exactement à la ſuivante, ce Trou umbilical continue juſqu'à la Pointe & forme dans les Nautiles pétrifiés le Siphon.

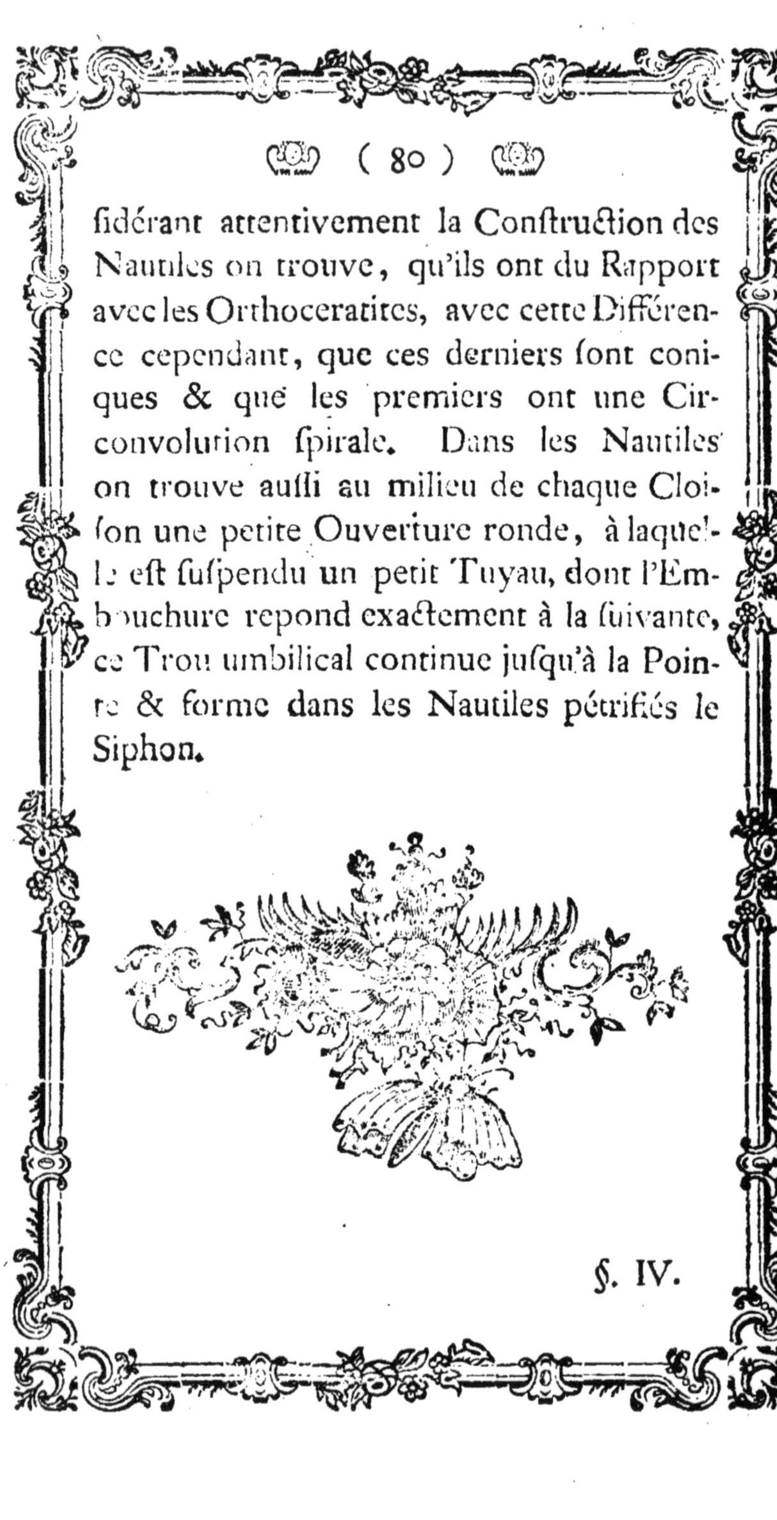

§. IV.

Les Orthocératites sont, sans doute, de la Classe des Tubulites (*Tubulitæ*) & même des Tubulites chambrés (*Tubulitæ multiloculares sive polythalamii*). Mr. Breynius nous en a fait connaitre neuf Espèces, distinguées seulement par la différente Situation du Siphon; quelques unes ont le Tuyau au milieu, d'autres l'ont sur le Bord (*Fig.* 14.) & d'autres (*Fig.* 9. 10. 13.) l'ont entre le Centre & le Bord des Chambres. Ainsi l'on peut subdiviser les Orthocératites en trois Espèces: 1) Celles qui ont le Siphon au Centre; 2) Celles qui ont le Tuyau au Bord; 3) Celles qui l'ont entre le Centre & le Bord extérieur; cette Division se rapporte à leur Construction intérieure.

§. V.

Je ne prétends pas renverſer la Diviſion ſiſtématique des différentes Eſpèces d'Orthocératites, à l'Exemple de Mrs. Breynius, Woltersdorf, & d'autres Naturaliſtes, mais il m'a ſemblé, que la Différence ſpécifique des Orthocératites n'était pas aſſés diſtinctement déterminée, quand ont la faiſait dériver de leur Conſtruction intérieure ou de la Poſition du Siphon. J'entreprendrai de donner une autre Claſſification des différentes Eſpèces *d'Orthocératites.* Suivant leur Figure extérieure, il y en a deux Eſpèces: 1) Les *Orthocératites droits*, que nous décrivons ici. 2) Les *Orthocératites courbés*, qui ſont proprement les *Lituites*, mais que pluſieurs mettent au Nombre des Cochlites chambrés (*Cochlitarum polythalamiorum*). Mr. Woltersdorf dit, que les Lituites ſont une Eſpèce particuliere de Tuyaux chambrés, mais je les range, avec Mr. Wallerius, parmi les Orthocératites.

§. VI.

§. VI.

Si mon Lecteur veut bien me permettre de l'entretenir un Moment de mes Idées, je lui communiquerai une Diviſion ſiſtématique des Orthocératites. Suivant leurs Figures extérieures, on pourrait les diviſer en deux Claſſes: 1) celle des *Orthocératites circulaires* (*Fig*. 9. 13.), dont les Chambres ſont entièrement rondes & 2) celle des *Orthocératites ovalaires* (*Fig*.10.14.), dont les Chambres ont une Figure elliptique ou ovale; celles-ci ſont coniques, comme les circulaires, mais un peu plattes des deux Cotés, ce qui produit une Périphérie ovale (*Fig*. 14.). J'en ai des deux Eſpèces dans mon Cabinet, & il doit s'en trouver abondamment dans d'autres Collections.

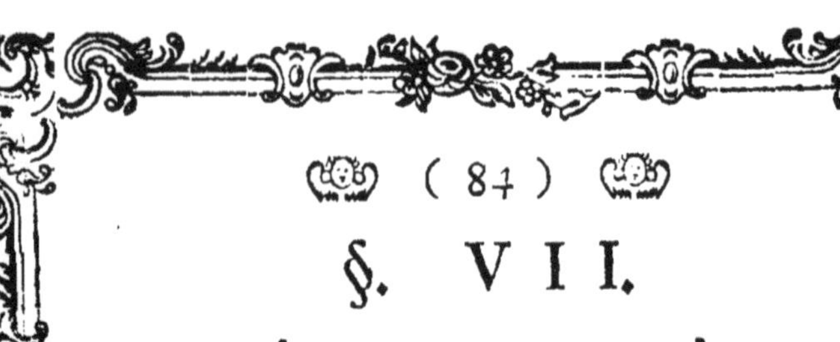

§. VII.

Il y a une Différence ultérieure parmi les Orthocératites, qu'aucun Autheur peut-ètre n'a remarqué jusqu'à présent : C'est qu'il y en a, dont la Coquille est mince (*Fig*. 12.) de même que les Chambres, formées par de petits Plats, aussi minces, que le Verre des Montres portatives. Ces Orthocéra tites sont construits de petites Alvéoles, qui ont à peine l'Épaisseur d'une Ligne. Il y a d'autres Orthocératites plus épais, dont les Cellules ou Cloisons sont plus épais, (*Fig*. 9.). Cette Espèce est plus commune que l'autre. L'Othoceratite est différent des Cochlites chambrés, parce qu'il représente un Cone droit, pendant que les Ammonites & les Nautilites ne forment qu'un Cone courbé & que le Cone des Lituites est en Partie droit, & en Partie courbé. Les Orthocératites son différens des Belemnites, en ce qu'ils n'ont point d'Enveloppe, tan dis

dis que les Belemnites consistent en une Enveloppe ou Ecaille très épaisse.

§. VIII.

Je passe présentement à la Description des Tuyaux cloisonnés & pétrifiés, que l'on trouve dans l'Eifel sur Terre de Juliers. La neuvieme Figure (*Fig.* 9.) nous en indique la premiere Espèce: Cet Orthoçeratite est de Forme circulaire dans sa Périphérie, ainsi il apartient à la premiere Espèce (§. 6.); il consiste en huit Chambres. Son Siphon (*Fig.* 9. *Lit. n. o.*) est situé entre le Centre & le Bord. La treizieme Figure (*Fig.* 13.) nous représente la Superficie d'une des Chambres de cet Orthocératite. Mais je ne veux pas m'arréter longtems à décrire cette Espèce, qui est dejà assés connue par la Description, qu'en ont faite plusieurs Savans (†).

(†) Breynii *Dissertatio physica de Polythalamiis &c.*

Elle ne ſe trouve pas ſeulement dans nos Contrées, mais encore auſſi en Suiſſe, dans la Principauté de Blankenbourg, Duché de Mecklenbourg, dans des Isles d'Oeland & de Gothland, en Siberie, &c.

§. I X.

La dixieme Figure préſente un Orthocé ratite plus long & plus étrait (*Fig.* 10.) trouvé dans l'Eifel; il eſt elliptique ou oval dans ſa Peripherie du Coté droit, tel qu'il eſt deſſiné ici; l'on n'obſerve pas ſa Figure ablongue, qu'en le conſidérant d'en haut ou d'en bas; il apartient à la ſeconde Claſſe d' Ortho-

---

Gmelin, *De Radiis articulatis lapideis &c.*

Kleinii *Deſcriptiones Tubulorum marinorum, &c.*

Wright, *An Account of a remarquable Foſſil commonly called Orthoceratites, &c.*

Orthocératites, qui ſont ovales (§. 6.); celui, que je repréſente, a 10. Chambres. La Partie inférieure (*Fig.* 10. *Lit. p. q.*) eſt plus large; ce qui ſe rencontre dans la plus grande Partie; le haut eſt plus étrait (*Lit. r. s.*), ſon Siphoncule paſſe près du Centre (*Fig.* 10. *Lit. t. t.*). La quatorzieme Figure (*Fig.* 14.) nous montre le Coté élevé d'une Chambre de l'Orthocératite oval. L'Orthocératite repréſenté ſous la douzieme Figure eſt de la même Eſpèce.

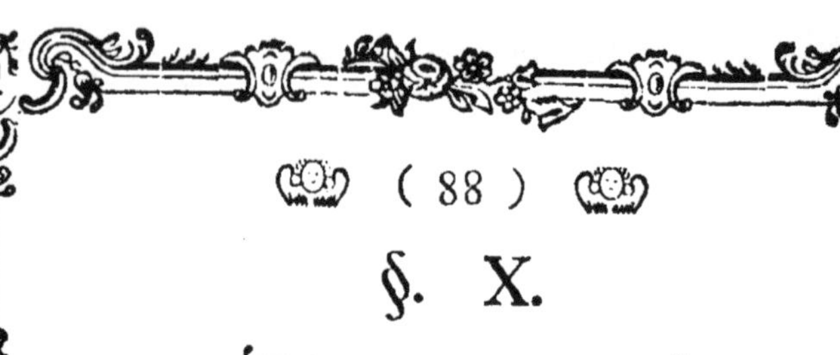

§. X.

L'Orthocératite, que je me ſuis reſolu de décrire ici, mérite par ſa Structure ſinguliere d'être conſideré avec Attention & comme une Eſpèce inconnue (*). La douzieme Figure repréſente un Orthocératite, dont les Chambres ſont de forme ovale, ainſi il apar-

(*) Nous n'eſpérons pas, que les Connaiſſeurs étrangers nous reprocheront d'avoir trop élevé la Rareté des Foſſiles de notre Patrie, nous en faiſons juges ceux, qui connaiſſent cette Partie. Il n'eſt pas rare de faire beaucoup de Bruit d'une Production naturelle très commune, & je ne crains pas, que l'on ne m'intente un Procès d'injure, ſi j'oſe avancer, que dans la plupart des Occupations humaines, l'on découvre un petit Grain de Charlatanerie; je veux dire

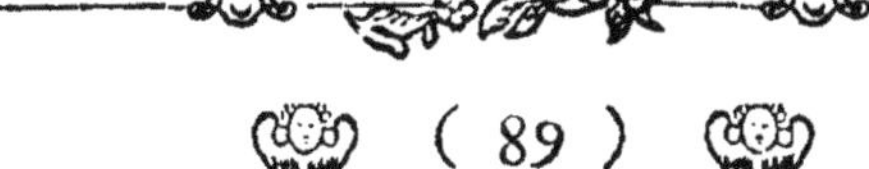

apartient à la ſeconde Eſpèce (§. 6.). J'ai parlé auparavant d'une Eſpèce inconnue de Tuyaux marins (§.7.), que j'ai appellés *Orthocératites à Coquille mince*, pour le diſtinguer des autres. La plupart des Orthocératites tant grands que petits, ont la Coquille aſſés épaiſſe, & les Chambres aſſés ſpa-

 tieu-

---

re par là, que l'on fait ſouvent valoir comme un Miracle, ce qui en ſoi n'eſt pas fort remarquable. Cette Faibleſſe n'eſt pas rare parmi ceux, qui raſſemblent des Productions naturelles. Mais j'ai dit très ſérieuſement dans ma Préface, que la Pétrification eſt un des Phénomenes les plus remarquables dans la Nature, & j'oſe ſoutenir hardiment, que les Corps pétrifiés ſont non ſeulement des Ouvrages très notables de la Nature, mais auſſi qu'ils méritent la Préférence ſur les Inſectes, ſur les Coquilles & les Eſcargots & ſur toutes les autres Créatures non pétrifiées.

Chac-

tieuſes, comme la neuvieme & dixieme Figure (*Fig.* 9. 10.) le démontre; mais la douzieme Figure (*Fig.* 12.) nous offre un Orthocératite, dont les Cellules ſont très minces: il a à peu près ſept Cloiſons, qui ſont ſi étroites, qu'à peine ont elles une Ligne géometrique de Largeur; & puiſque les

---

Chacun verra d'abord qu'un Coquillage pétrifié eſt plus rare, qu'un autre, parce que le premier a été un Corps organiſé & qui ſe trouve à préſent être une Pierre: cette Transmutation eſt aſſurément très admirable. Il parait pourtant que ceux, qui font des Collections, ſont plus portés pour les Coquilles, pour les Eſcargots & autres Animaux marins; aimant mieux ce qui eſt beau & brillant, que ce qui eſt réellement utile; mais chaque Siècle a ſa Mode & ſa Manie. Peut-être la Conchyliomanie eſt-elle aujourd'hui le Mal dominant de ceux, qui aiment l'Etude de

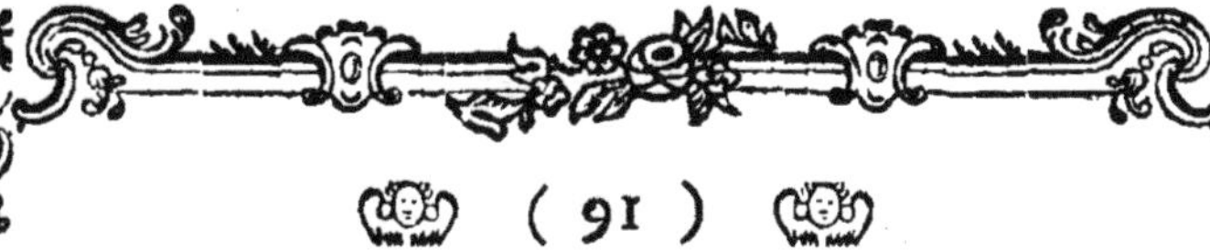

les Orthocératites ſuivant leur Figure naturelle vont toujours en diminuant par le bas, & ſe terminent en Pointe au Bout. Il eſt vraiſemblable, que ce Tuyau pétrifié, qui a la Coquille ſi mince & la Figure conique, (que l'on peut apeller auſſi *Orthocératite à Chambres étroites)* a conſiſté en plus de cinquante

---

de la Science naturelle; mais il y a des Raiſons pour croire, que les Pétrifications deviendront dans la Suite plus rares, que les autres Curioſités naturelles, que l'on recherche aujourd'hui avec tant de ſoin. L'Expérience nous aprend, que certains Coquillages pétrifiés ne ſont plus ſi abondans qu'autrefois dans les mêmes Endroits. Au contraire il n'y a rien de pareil à craindre à l'égard des Productions marines, quoique la Quantité de Collections faſſe hauſſer leur prix, puiſque toutes les Moules & Eſcargots ſont des Animaux, dont l'Eſpèce ſe perpetue journellement dans la

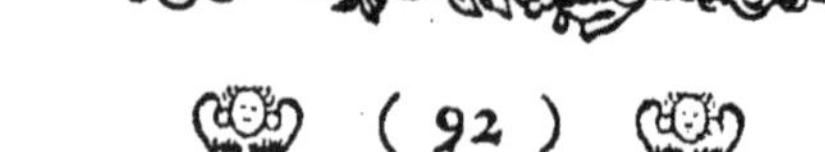

quanteChambres ouCellules étroites & minces pendant qu'il était encore dans ſon premier Etat naturel. Ceci eſt très apparent, vu la Largeur de la Périphérie & le peu d' Epaiſſeur de ſes petites Cellules. L'Original a été ainſi ſans doute un Tubulite, qui avait grand Nombre de Chambres d'une Structure particuliere & très notable. Le Siphon de cet Orthocératite, dont les Chambres ſont étroites & ovales, eſt ſitué près du Bord (*Fig.* 14.); ainſi l'on peut le compter parmi les plus ſinguliers Tuyaux chambrés & même le conſiderer comme une Eſpèce particuliere, dont peut-être aucun Autheur ne nous a donné, ni Deſcription, ni Obſervation.

§. XI.

---

la Mer. Ainſi il n'y a aucune Raiſon de penſer que cette Eſpèce manquera, mais nos Succeſſeurs, s'ils ſont auſſi portés pour l'Hiſtoire naturelle, que nous le ſommes aujourd'hui, ſouhaiteront peut-être de voir certains Teſtacées pétrifiés, que nous avons préſentement découverts & que l'on ne trouvera peut-ètre plus dans la Suite.

§. XI.

Mais afin que l'on ne nous objecte pas, que nous parlons, comme si nous n'avions d'autres Découvertes nouvelles dans nos Contrées de Basse-Allemagne, que la Pierre à Pantoufle détaillée ci-dessus, nous avons resolu de décrire une Espèce particuliere & peut-être peu connue, de Tuyaux droits cloisonnés d'une Forme singuliere, qui ont été trouvés près de la Ville imperiale d'Aix la Chapelle. La Figure onzieme (*Fig*. 11.) nous représente cette Espèce nouvelle & très particuliere de Tuyaux chambrés. Ce Tubulite est aussi conique, mais un peu plat & uni sur les deux Surfaces, qui sont reciproquement opposées, de Façon qu'il représente un Cone, de Figure ovale dans sa Périphérie. La Figure dixneuvieme (*Fig*. 19.) offre la Base de ce Tuyau conique & cloisonné, & sert à nous en faire connaitre distin-

diſtinctement la Circonférence ovale. Ce Tuyau cloiſonné devient plus gros inſenſiblement (*Fig.* 11. *Lit. u. x.*); ainſi que les Orthocératites, & devient ainſi beaucoup plus large vers le Bout (*Fig.* 11. *Lit. y. z.*). Il conſiſte en pluſieurs Vertebres pierreuſes ou Spondylolithes (*Spondylolithis, Vertebris lapideis*). Chaque Spondilolythe (*Fig.* 18.) forme une Chambre particulière, comme les Alvéoles repréſentent & forment les Cloiſons dans l'Orthocératite (§. 2. 3.), dont nous venons de parler.

§. XII.

§. XII.

La Structure de ce Teſtacé pétrifié mérite bien une Conſidération plus exacte. Quand je découvris aux Environs d'Aix la Chapelle les premiers Morceaux de cette Pétrification, je penſai, que ce Corps pétrifié était très reſſemblant aux Ammonites; mais après pluſieurs Examens & des Comparaiſons réiterées, je trouvai enfin, que cette Pétrification était très fort ſemblable aux Orthocératites à Cauſe de ſa Figure conique & très comparable aux Ammonites, à Cauſe des Spondylolithes, qu'elle a communes avec eux (*). Les Examens ulterieurs me con-

(*) A la premiere Découverte de ce Coquillage inconnu & pétrifié (qui eſt en quelque Façon plus remarquable, que la Découverte des Orthocératites) je trouvai ſimple-

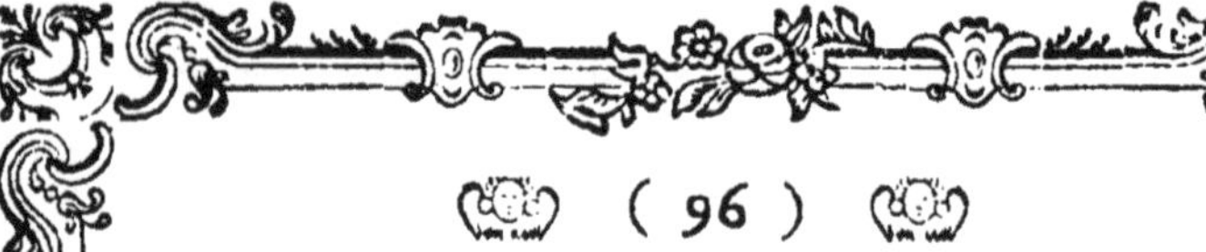

convainquirent donc, que ce Corps pétrifié était une Eſpèce particuliere, & juſqu'à préſent inconnue de Tuyaux droits cloiſonnés, qui ſe diſtingue par ſa Conſtruction autant des Orthocératites, que des Ammonites.

§. XIII.

---

plement des Parties détachées de ce Corps & j'eus à faire un Examen auſſi laborieux & difficile que le ſavant BREYNIUS a eu dans la Découverte des Orthocératites & que Mr. GESNER explique en ces Termes: *Dum hæc de Orthoceratitis ſcriberet doctiſſimus* BREYNIUS *nonniſi fragmenta hactenus reperta fuerunt, ex quibus inter ſe collatis ſagaciſſimè veram Teſtacei figuram & ſtructuram indagavit, ut mireris quam pulchrè ſtabilitum à ſe novum Teſtaceorum genus deinceps Obſervationibus ſit confirmatum. Tractat. phyſ. de Petrificat. Cap. 14. pag. 43.*

§. XIII.

La Figure dixhuitieme (*Fig.* 18.) fait voir une Chambre séparée (Spondylolithe) de ce Tuyau cloisonné; en haut (*Lit. v. v.*) & dessous l'on voit aussi les sept Apophyses (*Processus Spondolylolitharum*) par l'Eminence, qu'elle nous indique; elle nous montre les Figures foliacées, que l'on aperçoit sur la Surface de ces Tubulites (*Fig.* 11. *Fig.* 15.), car toutes les Apophyses ont un Enfoncement à Coté d'elles, dans lequel les Apophyses suivantes trouvent leur Place. La Structure de ces Apophyses est si bien ordonnée, qu'elles s'emboitent toutes précisément dans le Creux. Chaque Spondylolithe séparé compose ainsi une Chambre, comme dans les Ammonites feuilletés. Quand il y a donc plusieurs de ces Spondylolithes les uns sur les autres, l'on voit non seulement, comment le tout tient ensemble, mais l'on comprend aussi, d'où provient

l'Origine de la Figure feuilletée sur la Surface (*). Toutes les Figures feuilletées imprimées sur ce Tuyau cloisonné sont sans doute originairement des Ramifications plus ou moins fortes des Apophyses. La plupart de ces Apophyses, principalement celles des grands Spondylolithes ont ordinairement une petite Fente ou Rénure au milieu (*Fig.* 18. *Lit. v. v.*) & consistant pour ainsi dire en deux Branches; voilà pourquoi les Figures feuilletées de la Superficie sont ordinairement représentées à doubles Branches (*Fig.* 11. 15.).

§. XIV.

(*) La Conjonction des Apophyses & la Connexion ou Cohérence des Spondylolithes ressemblent beaucoup à la Suture du Crane humain & méritent le Nom d'Ornemens feuilletés, que l'on trouve aussi dans quelques Ammonites.

§. XIV.

Dans la dixneuvieme Figure (*Fig.* 19.) l'on voit la Base inferieure des Spondylolithes, qui est ovale. Sur cette Base l'on découvre clairement les Apophyses (*Lit. w. w.*) rehaussées. Cette Figure montre sept Apophyses; chaque Chambre séparée (Spondylolithe) a ordinairement d'un Coté sept Apophyses & de l'autre elle n'en a que six. La Structure simétrique de ce Tubulite exige aussi ces différens Nombres d'Apophyses. On en est convaincu, quand on considére avec Attention l'Emboiture de chaque Spondylolithe dans l'autre: chacun a au Bout de ses Apophyses des Découpures, qui se répondent très exactement; les Angles saillans d'une Piéce se joignent parfaitement aux Angles rentrans de l'autre & les lient fort solidement, en formant sur la Surface des Ramifications ou des Herborisations, comme sur les Ammonites arborisés ou herborisés.

§. XV.

Le Deſſein feuilleté ou Gravure herboriſée, que l'on trouve ſur quelques Morceaux, conſiſtans en pluſieurs Chambres, eſt quelque fois un peu différent; car dans quelques uns, les Feuilles ſont toutes pointues au Bout, (*Fig.* 11.) dans d'autres elles ſont un peu rondes, comme le prouve la Figure quinzieme. Mais il en eſt de même de ces Tubulites que des Orthocératites, car il eſt rare de pouvoir ſe procurer une Piece entière de l'une & de l'autre de ces Pierres. Du moins n'en ai-je jamais rencontré de pareille. Voilà pourquoi je répréſente (*Fig.* 11. *Lit. y. Fig.* 15. *Lit. x.*) la véritable Figure naturelle du Bout le plus large de ce Tuyau cloiſonné & je marque la Moitié (*Lit. u. z.*), qui manque du Coté de la Pointe, par des Lignes & des Points légerement tracés, afin que l'on voye, que cette Eſpèce nouvelle de Tuyaux marins large par

le

le bas (*Fig.* 11. *Lit. y. z.*) & diminuant par le haut, devient insensiblement pointue (*Fig.* 11. *Lit. u. x.*), ainsi elle a reçu de la Nature une Forme conique, avant que ce Testacée fût changé en Pierre. Il est parfaitement conique excepté, que sa Périphérie tient un peu de l'ovale, ainsi que je l'ai remarqué (§. 11. 14.) c'est à dire qu'il est un peu applati, pendant que le vrai Cone doit être circulaire dans sa Circonférence. La dixneu vieme Figure nous indique clairement la Forme platte des deux Cotés.

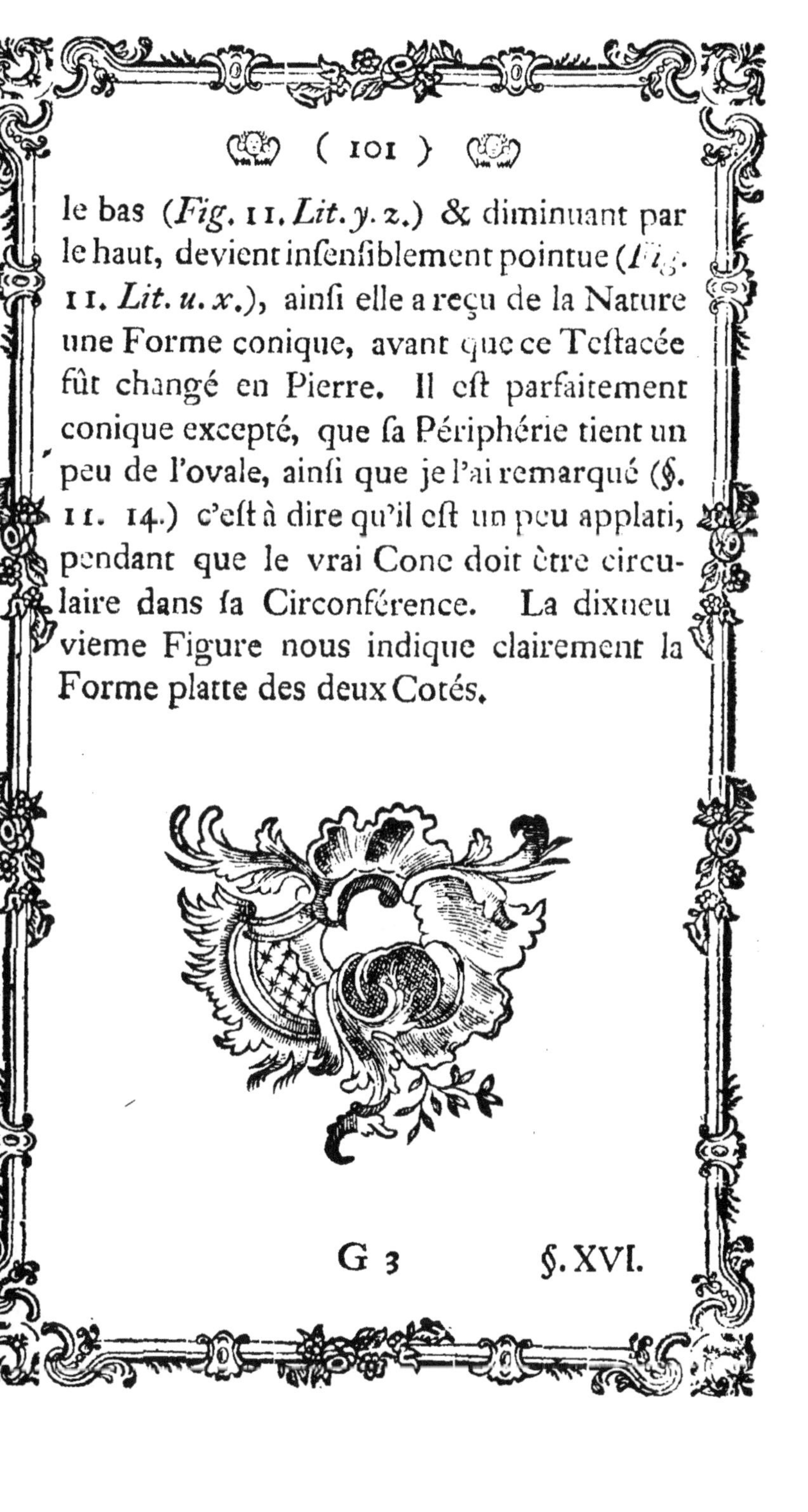

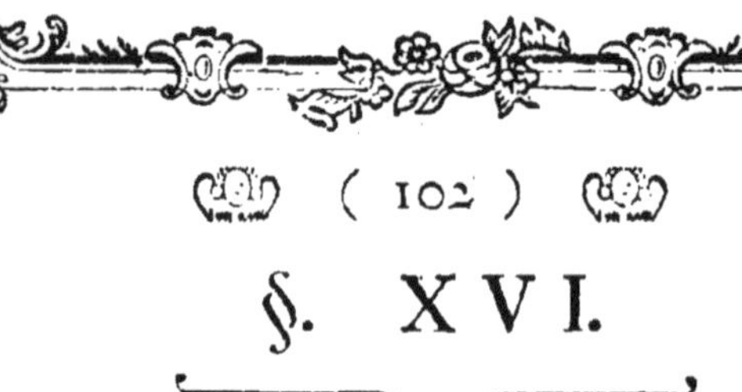

§. XVI.

Ayant démontré que ce Teſtacée pétrifié n'eſt pas un Ammonite, à cauſe de ſa Figure droite & conique, & moins encore un Orthocératite à cauſe de ſa Conſtruction intérieure (§. 12. 13. 14. 15.) l'on m'accordera facilement, que c'eſt une nouvelle Eſpèce de Tuyaux droits cloiſonnés juſqu'à préſent inconnue. Nous voulons ainſi lui donner un Nom, en laiſſant toujours à chaque Amateur la Liberté de le nommer autrement, ſuivant ſa Volonté. Mr. BREYNIUS a donné le Nom à l'Orthocératite, parce qu'il reſſemble à une Corne droite. Par la Reſſemblance, que ce Tuyau a avec une Corne applatie, on le pourra nommer HOMALOCERATITE (*Homaloceratites*) Mot, compoſé du Grec (*). Ce Te-

(*) Cette Dénomination eſt tirée de la Langue grecque, car *Homalos* (Ομαλὸς, *pla-*

Teſtacée pétrifié pourra auſſi être appellé un *Tubulite cloiſonné & foliacé*, ou *Tuyau chambré conique & feuilleté.*

---

planus) ſignifie plat ou applati & par *Ceras*, (Κέρας *Cornu*) on entend une Corne. Ce Terme compoſé provenant du Grec a la Signification d'une Corne applatie. De cette Façon on pourra auſſi appeller le préſent Tuyau pétrifié non ſeulement *Homalocératite* mais auſſi *Epipédocératite*, *Iſopédocératite*, *Pédiocératite* des Mots grecs Επίπεδος, Ισόπεδος, Πεδίον & Κέρας, parce qu'on exprime par les mêmes Termes compoſés une Corne platte. Comme la Dénomination, que Mr. BREYNIUS a donnée le premier à l'Orthocératite, a été reçue dans l'Hiſtoire naturelle avec bien de la Complaiſance, je crois par là, qu'on ne rejettera pas la Dénomination, que j'ai donnée le premier à ce Tuyau cloiſonné.

§. XVII.

Entre les Tubulites cloiſonnés & les Cochlites chambrés on remarque une certaine Simétrie, une Analogie & une Affinité, que nous ferons connaitre à notre Lecteur. Les Tubulites & Cochlites cloiſonnés conſiſtent en une Coquille tubuleuſe, qui a des Concamérations; mais avec cette Différence, que les premiers ont une Figure conique & les derniers une Circonvolution ſpirale. Or comme du Genre des Tuyaux, l'Orthocératite à Raiſon de ſes différens Alvéoles a une Affinité, avec la Nautilite; de même cet Homalocératite à Raiſon de ſes Spondylolithes a une Analogie, avec l'Ammonite. En conſéquence de cette Reſſemblance de la Structure intérieure, que les ſusdits Tubulites ont avec les Cochlites, on pourra auſſi appeller l'Orthocératite, un *Nautilite droit* (*Nautilites rectus*) & l'Homalocératite un *Ammonite droit* (*Ammonites rectus*). Cette Conſidération nous fait clairement voir l'Harmonie & l'Al-

liance

liance admirable, que la Créateur tout puiſſant a imprimé aux Créatures tant marines, que terreſtres.

§. XVIII.

Je démontrerai donc à Meſſieurs les Naturaliſtes, à quel Genre & à quelle Eſpèce apartient l'Homalocératite. Parmi les Teſtacées, qui ſe trouvent pétrifiés, il y en a une Eſpèce nommée Tubulite; qu'on ſubdiviſe 1) en ſimples Tubulites & 2) en Tubulites chambrés. La derniere Eſpèce conſiſte dans une Coquille droite & tubuleuſe partagée en pluſieurs Chambres ou Cellules (§. 2. 3.). Et comme l'Homalocératite eſt conſtruit de cette Façon-là (§. 11. §. 13. §. 15.), il s'enſuit naturellement, que cette nouvelle Eſpèce eſt du Genre des Tuyaux droits cloiſonnés. Par là le Genre des Tubulites chambrés ſe trouve augmenté d'une troiſieme & nouvelle Eſpèce; car

1) le Belemnite fait la premiere, 2) l'Orthocératite la ſeconde, 3) l'Homaloceratite la troiſieme. Ainſi l'on peut placer le dernier dans un Cabinet de Foſſiles parmi les Tubulites, & le ranger après les Belemnites & Orthocératites.

§. XVIIII.

La Deſcription claire & diffuſe, que nous avons donnée, doit faire connaitre la Rareté de ce Tubulite cloiſonné. Je ſuppoſe avec raiſon, qu'il y a peu de Naturaliſtes, qui connaiſſent ce nouveau Genre nouvellement découvert (*). Il y a quelques Années, que j'ai trouvé ce nouveau Genre de Teſtacée pétrifié ſur la Montagne de S. Sauveur ſituée

(*) J'ai reçu au Mois de Juillet dernier une Lettre d'un ſavant Naturaliſte du Brabant, qui

tuée au Nord de la Ville imperiale d'Aix la Chapelle, je n'en découvris ſeulement que des Morceaux avec pluſieurs Spondylolithes, qui me conduiſirent à pluſieurs Obſervations & Conjectures; mais comme il ſe trouve auſſi parmi les Amateurs de l'Hiſtoire naturelle des Critiques, qui ſe font un Plaiſir de former des Doutes & des Objections, non pas ſans trahir leur Ignorance ridicule; un certain Amateur, à qui j'avais envoyé un Spondylolithe me repliqua, que cette Pétrification n'était pas un Fragment d'un Teſtacé, mais plutot un Vertebre de l'Epine du Dos de quelque Animal; ou bien une Dent d'une Bète inconnue, ou plutot un Jeu de la Nature. Mais cette Penſée

---

qui prouve la Rareté de cette Pétrification; la voici:

Je ſuis faché de ce, que je n'ai pas été informé plutot de votre Zele pour l'Hiſtoire naturelle, pour vous envoyer une Piece uni-

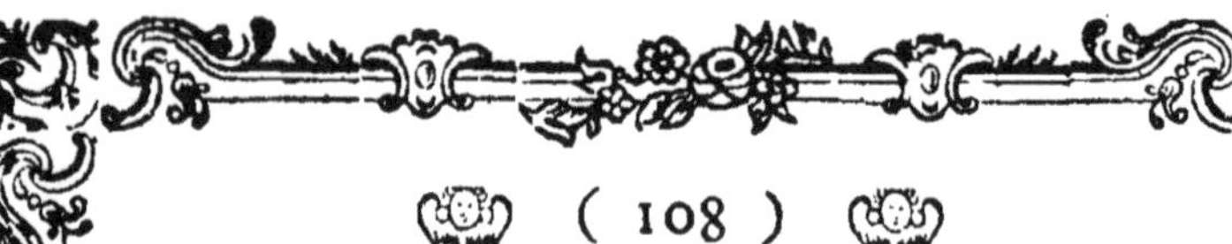

ſée ne peut avoir ſon Origine, que dans l'Envie de propager une Opinion fauſ-ſe, & comme de ſoutenir, que la Nature aurait formé par une Eſpèce de Jeu toutes les Pétrifications qui ſe trouvent en Terre, comme les Moules, les Eſcargots, les Poiſſons, le Bois & les Feuilles, &c. &c. Une Choſe, que nous n'avons jamais ni vue, ni connue, nous parait ordinairement ſinguliere & admirable au premier abord; ſi donc pour découvrir ſon Origine, l'on n'a qu'à dire d'un Ton ſérieux & d'un Air docte, qu'elle eſt produite par un Coup de hazard, par là on retombe de plein Saut dans le Barbariſme.

---

unique, qui mérité d'ètre remarquée & que j'ai eue avec d'autres Pieces de la Montagne de St. Pierre près de Maaſtricht, quoique ce ne ſoit qu'un Fragment en Figure d'un Entroque de Belemnite, long à peu près d'un demi Doigt & large à peu près de 3. Lignes, & large par le bas où

il

me. De pareilles Explications & de telles Recherches reſſemblent dans notre Siecle éclairé & ſont, ce qu'étaient autrefois les Dogmes obſcurs ou les Paradoxes enſeignés par les Scholaſtiques & par les zélés Sectateurs de la Philoſophie péripatéticienne, quand ils expliquaient à leur Maniere, les Proprietés des Corps naturels. La Figure, la Poſition, & l'Arrangement des Parties, de même que la Reſſemblan-

---

il eſt caſſé d'une demie Ligne. Il eſt différent des Entroques, parce que le Plan eſt pyramidal. La Singularité de cette Piece m'a porté à l'envoyer à Mr. le Docteur SCHULTZ, qui eſt connu par ſes Suplémens aux Nouvelles litteraires, afin qu'il faſſe connaitre celà dans quelqu'une de ſes Feuilles n'ayant jamais trouvé pareille Piece ni dans les Collections, ni dans les Ouvrages imprimés, &c. &c.

Ceci

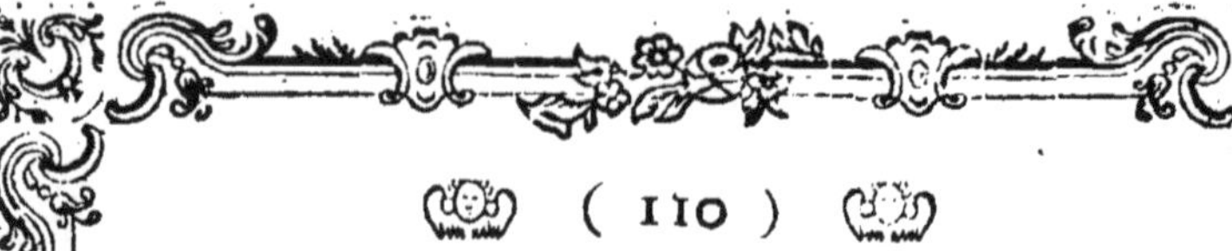

blance & l'Affinité, que ce Tubulite a avec d'autres Coquillages (§. 12. 13. 17.) par sa Construction intérieure & organique, nous prouve sans Replique que ni lui, ni ses parties, les Spondylolithes se sont formés par hazard, mais qu'autrefois ils étaient une Espèce singuliere de Tuyaux cloisonnés.

§. XX.

Ceci prouve, que ce nouveau Genre de Tuyau cloisonné est peu connu; je n'ai pas encore reçu des Pieces de ce Genre trouvées près de Maastricht, dont mon Ami fait Mention, voilà pourquoi je ne décris que celles, que j'ai trouvées moi-même près d'Aix la Chapelle. J'ignore jusqu'à present, si Mr. le D. SCHULTZ en a donné une Description.

§. XX.

J'ai fait des Recherches dans les Oeuvres de plusieurs Auteurs, qui traitent de la Minéralogie & Oryctographie pour savoir, s'ils n'avaient rien dit de cette Pétrification, mais je n'en ai trouvé aucun Vestige. Le savant Naturaliste J. J. Scheuchzer (*) décrit au sixieme Tome de son Hi-

(*) On peut nommer Scheuchzer à bon Droit le *Plinius suisse* à cause de son Exactitude infatigable & de ses diverses Découvertes; comme on nomme Rumph le *Plinius des Indes*, quoiqu'il nous ait laissé bien des Contes dans ses Ecrits, surtout dans ceux dans lesquels il a soutenu des Opinions erronées & celà très sérieusement; mais Scheuchzer vivait dans un Siecle, auquel on ne se donnait pas encore

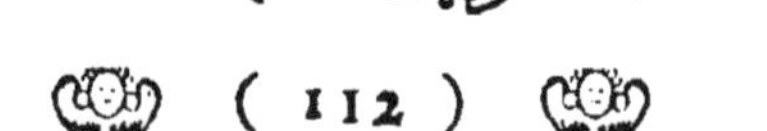

Hiſtoire naturelle une Pétrification, qu'il nomme *Ceratoides* (*) & qui a beaucoup de Reſſemblance avec les Homalocératites par

---

core tant de Peine pour examiner à fond la Nature de notre Globe & auquel on avait encore Vénération pour les nouveaux Syſtemes, quoiqu'ils ne fuſſent pas toujours d'Accord avec la Raiſon & l'Expérience; mais aucun Savant n'eſt infaillible, c'eſt pourquoi l'on ne peut prendre en mauvaiſe Part, quand Mr. SCHEUCHZER ſe trompe dans ſes Idées. Je ne ſai donc pas, s'il faut aprouver un Naturaliſte, Mr. B***, lorqu'il ſe moque des Opinions fabuleuſes de SCHEUCHZER quand il veut déduire les Pétrifications du Déluge, que Moïſe rapporte. Pour moi je croi que c'eſt un Mépris malplacé & une Ingratitude contre un Savant eſtimable par ſon Mérite.

(*) *Ceratoides articulatus Striis transverſis unda-*

par rapport à leur Structure intérieure & extérieure (**), mais avec cette Différence, que la Pétrification décrite par SCHEUCHZER ſemble ne pas aller droit, mais ſe terminer par une Courbure, tandis que les Spondylolithes ſont ronds dans leur Périphérie. SCHEUCHZER compte cette Pétrification parmi les Pierres figurées, qu'il ne connait pas, ſuivant ſon propre aveu, & desquelles il faut faire encore l'Examen. La Repréſentation, qu'il en donne dans une Eſtampe de ſon Oryctographie, rend ceci très vraiſem-

 bla-

---

undatus & Ornamentis foliaceis inſignitus. Spec. Lith. Helv. pag. 59. Fig. 82. Meteorolog. & Oryctograph. Helvet. pag. 329. Fig. 163.

(**) C'eſt ainſi que Mr. SCHEUCHZER s'exprime : j'ai nommé cette Pierre brune Ceratoidem reſſemblante à une Corne, qui s'apointit, les Lignes traverſantes, qui com-

blable; après la Deſcription qu'il en a faite, il juge, que c'eſt une Piece de Pétrification, qu'il ne ſait pas à quoi comparer; & puiſque, ſuivant la Deſcription & la Répréſentation, que SCHEUCHZER donne du Ceratoides ainſi nommé, nous ne pouvons rien conclure avec Certitude; j'oſerai pourtant ſou-

---

commencent ſouvent d'une petite Hauteur n'occupent que la Moitié ou le Tiers de la Corne, ſouvent on voit à l'Exterieur des Feuillages & dans les Vertebres rompues une Croix reſſemblante à celle de Malthe, peut-être peut-on nommer ſous ce Titre: *Aſtropodium multijugum ſive loricatum cinereum Septentrionalium* (LUID. *N. 106.*) qu'il tient pour *l'Encrinium* LACHMUNDI (*p. 57. 58.*); quoique l'on puiſſe le comparer plus proprement avec un Os de la Tete de la Baleine gros d'un Pouce, dont on voit la Répréſentation in WORM. *Muſ.* (*pag. 281.*). *Meteorolog. & Oryctograph. Helvet. p. 329. 330.*

ſoutenir, que c'eſt une Eſpèce inférieure de l'Homaloçératite. Je declarerai là - deſſus plus au long mon Sentiment dans mon Hiſtoire naturelle, & je décrirai plus amplement une nouvelle Eſpèce de ces Tuyaux courbés & cloiſonnés, que j'ai découverts de puis peu. Au reſte nous ne connaiſſons aucun Auteur moderne, qui ait decrit cette Pétrification, ſi non Mr. DAVILA, qui dans ſon Catalogue ſyſtématique & raiſonné, (*) fait Mention d'un Tuyau cloiſonné, qu' il nomme *Orthocératite à Engrenures branchues*, & qui parait être une Eſpèce fort analogue à notre Teſtacée. Quoiqu'il en ſoit, il eſt toujours fort intéreſſant, que cette Pétrification ſi rare ſoit auſſi découverte en Allemagne.

§. XXI.

J'ai encore une Réflexion à faire, que je ne crois pas inutile, ſur la Pétrification de ce Coquillage, pour éclaircir d'avantage la

(*) *Tome III. page 66. & 288. II. Planche, Litt. D.*

Connaiſſance des Montagnes formées par Inondation dans la Baſſe-Allemagne. Ces Tubulites & autres Coquillages, que l'on trouve pétrifiés ſur la Montagne de St. Sauveur (*Losberg*) & dans les Environs d'Aix-la-Chapelle ſont ordinairement de deux Sortes de Pierre. Quelques Moules, Eſcargots &c ſont changés en une Pierre ſabloneuſe, jaunatre (*), ou ſont plutot poſés dans une Pierre jaune & ſabloneuſe, qui leur ſert de Matrice. Les Moules, ou Eſcargots, qui ſe trouvent dans une Pierre ſabloneuſe plus dure, ſont quelques fois criſtalliſés intérieurement. J'ai trouvé auſſi des Coquillages dans la Pierre ſabloneuſe, dont quelques uns étaient de l'Eſpèce de Spath, & les autres de Pierre de Corne. On trouve quelques Corps calcinés dans la Pierre ſabloneuſe, jaune comme par Exemple des Os &c; d'autres Teſtacées ſont convertis en Pierre deCorne d'un brun obſcur. LesHomalocératites & leurs Spondylolithes ſont la plupart chan-

(*) Cette Obſervation & pluſieurs autres prouvent, qu'il y aNombre dePétrifications ſabloneuſes.

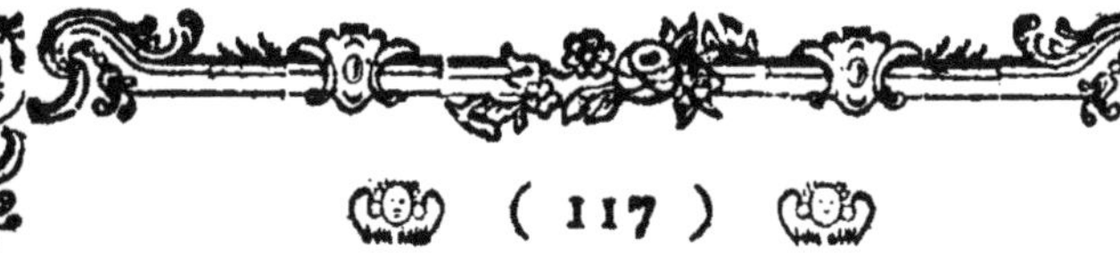

changés en une Matiére de Pierre de Corne, d'un noir brun ou grisatre. Ceci est une nouvelle Preuve, que la Pierre de Corne a été autrefois liquide. On a trouvé aussi dans d'autres Contrées des Coraux & des Empreintes de tous ces Animaux dans la Pierre de Corne. J'en possede des Morceaux trouvés en France. Les Observations minéralogiques, que j'ai faites, pendant un court Voyage, dans les Environs d'Aix-la Chapelle & dans le Duché de Juliers, m'ont fait croire, que peut-être quelques Miles de Terrein, au tour d'Aix sont remplis de grandes Couches (formées par Inondation) de Pierre de Corne dans la Terre. On trouve aussi des Preuves vraisemblables, qu'il doit y avoir Nombre de Couches de Pierre de Corne dans ces mêmes Lieux, car non seulement j'en ai trouvé des Vestiges, dans une Houillierc assés profonde, où les Planches des Fosses étaient arrachées; mais les Pierres de Corne détachées, que l'on trouve dans la Campagne & dans les Couches de Sable en font Foi. Ces Pierres sont ordinairement de Couleur jaunâtre, grise ou

 noi-

noirâtre. Cette Pierre de Corne commune (*Pyromachus*) ſe trouve depuis Aix juſqu'à Eupen dans le Duché de Limbourg & dans celui de Juliers, juſqu'à Geilenkirchen, Randerath, & peut ètre plus loin encore (*). Elles ſont en Partie comme concaſſées par le Roulement, en Partie en Forme de Rognons, qui ont une Ecorce noire, griſe, & raboteuſe peu unie, mais elles ont quelque fois des Couches noires griſes, comme l'Onyx. Du reſte il n'eſt pas étonnant, ſi l'on découvre auſſi parmi les Teſtacées pétrifiés dans la haute Montagne de Sable (le Mont de St. Sauveur près d'Aix la Chapelle) des Piéces changées en Pierre de Corne, puiſque ſuivant les nouvelles Obſervations, on en trouve de pareilles dans la Pierre de Sable; quoique ordinairement les Pétrifications ſoient de la même Nature que la Matrice, dans laquelle elles ſont enterrées.

III.

(*) Cette Eſpèce de Pierre de Corne ſe trouve depuis les Montagnes d'Aix juſqu'à la Meuſe.

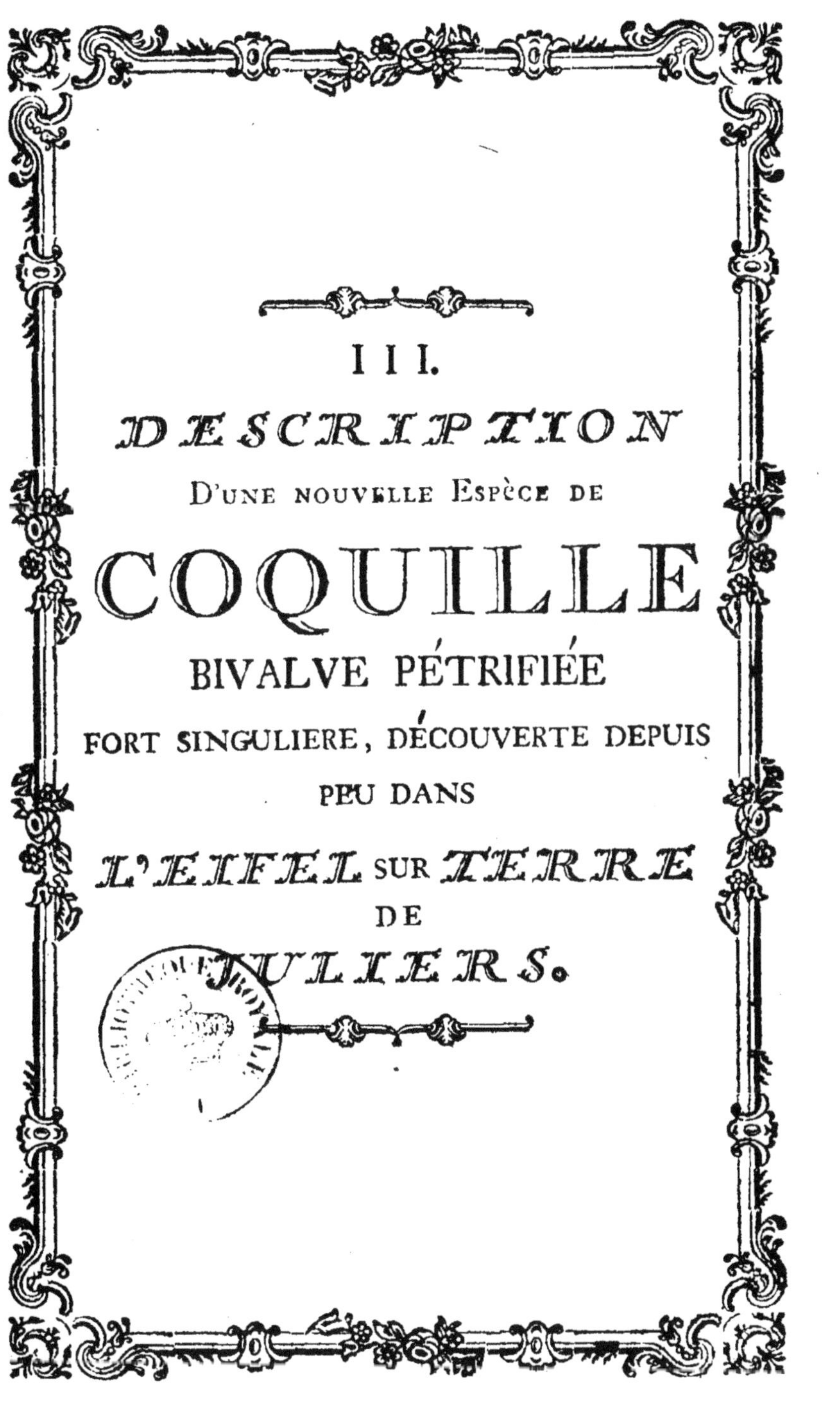

III.

DESCRIPTION
D'UNE NOUVELLE ESPÈCE DE

COQUILLE
BIVALVE PÉTRIFIÉE
FORT SINGULIERE, DÉCOUVERTE DEPUIS
PEU DANS

L'EIFEL SUR TERRE
DE
JULIERS.

§. I.

Dans l'Eifel il ſe trouve quoique rarement (*) une Sorte de petite Moule ou Coquille pétrifiée, ſemblable à une Poche (**), que j'apellerai proviſionellement PÉRIDIOLITHE. Elle mérite d'être décrite à Cauſe de ſa Figure ſinguliere.

H 5 §. II.

(*) De cette Eſpèce quelque peu de Pieces dans un petit Canton près de Munſtereifel dans une Terre plus ou moins ferrugineuſe.

(**) *Conchites duabus Teſtis inæqualibus inſtructus Perulam referens.*

§. II.

La ſeizieme Figure (*Fig.* 16.) nous répréſente ce Conchite du Coté relevé en haut; là où il ferme (*Lit. a.*), on voit des Traces d'un Sillon, qui devient très remarquable par le bas (*Lit. b.*) & y forme un Enfoncement. On découvre par ci par là des Marques de quelques Stries ſubtiles. A peine peut-on les diſtinguer avec les Yeux : apparemment qu'elles ont été effacées par le Roulement ou par quelque autre Accident.

§. III.

§. III.

La Figure dixſeptieme (*Fig.* 17.) nous réprésente ce Conchite du Coté plat. Contre la Lettre (*c. d.*) on peut, voir la Charniere, qui eſt fort large. En haut ſur le Bord (*Lit. e.*) on voit les Marques d'une Dent pointue, très ſubtile; c'eſt là où a été la Charniere de la Moule avec le Couvercle ou la petite Ecaille, comme il parait dans pluſieurs Moules bivalves. Celle-ci (*Fig.* 17.) eſt platte d'un Coté, & même un peu courbée en dedans & concave; de l'autre Coté (*Fig.* 16.) elle eſt relevée & renflée.

§. IV.

Puisque ce Conchite ressemble à une certaine Espèce de Poche, on peut le nommer Peridiolithe & en latin *Peridiolithus* (*). Ces nouveaux Termes de l'Art ne paraitront pas ridicules aux Amateurs de l'Histoire

(*) *Peridiolithus* est composé de deux Mots grecs. Πηρίδιον signifie une petite Poche & λίϑος une Pierre. Ces nouveaux Termes ne paraitront pas à un Amateur être une Invention de Mots inutiles, je me suis dejà expliqué là-dessus. Il n'y a pas long tems, que dans une certaine Satyre en Langue allemande (intitulée: *Pseudosophie oder die falsche Weisheit der alten Schulweisen, &c. Bonn 1762.*) je me suis mis en Colere contre la Quantité des Mots vuides, deSens barbares & inutiles, comme Enti-

ſtoire naturelle, puiſque dans la Botanique on trouve une Herbe nommé en latin *Burſa Paſtoris (Pera Paſtoris)* à Cauſe de ſa Reſſemblance avec une Poche de Berger. Je repete ici, ce que j'ai dit dans une Obſervation (§. 8. 9.) au Sujet du Nom de Pierre à Pantoufle.

§. V.

Entités, Identités, Hæcceités, &c. &c. que les Péripatéticiens ont introduit dans la Philoſophie, dans la Médécine & dans d'autres Sciences; mais cette Invention péripatéticienne & cent pareilles ne ſignifient autre Choſe, que des Chimeres, des Idées pédanteſques & des Penſées ridicules. Au contraire aujourd'hui, quand on introduit dans l'Hiſtoire naturelle un nouveau Terme d'Art, cette Dénomination ſignifie toujours un Etre réel, ou bien un Corps exiſtant dans la Nature.

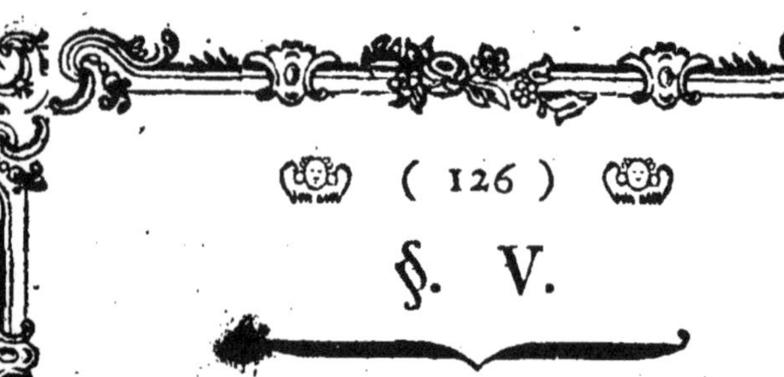

§. V.

Cette nouvelle Eſpèce de Conchite a une Figure toute ſinguliere. J'ai comparé ce Conchite à pluſieurs autres Conchites bivalves, mais je n'ai trouvé aucune Reſſemblance entre eux. Près de Gera dans le Voigtland, on trouve une Eſpèce de Gryphites profondément ſillonnés (*), qui ſont ſemblables à l'Extérieur à cette Coquille bivalve; car 1) le Gryphite du Voigtland

(*) Cette Eſpèce particuliere avec d'autres Pieces me viennent d'un cher Ami, le célébre Naturaliſte Mr. J.E. J. Walch. On les trouve près de Gera, elles ſont différentes des Gryphites, que l'on trouve en Suiſſe &c, en ce que les unes ont une Charniere large & profonde, & que les autres l'ont pointue & moins profonde; du reſte la Figure principale eſt preſque la même.

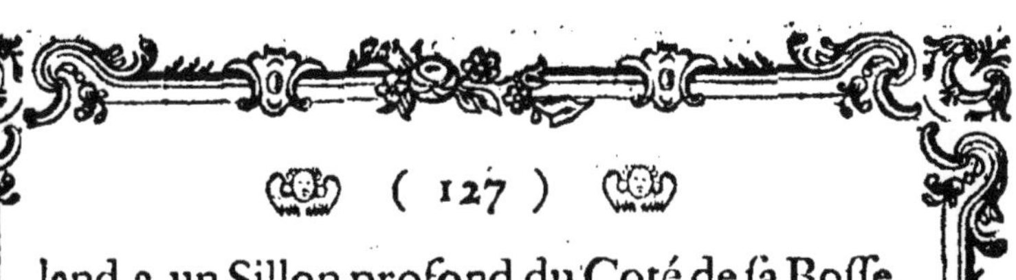

land a un Sillon profond du Coté de sa Bosse, mais qui devient plus large par le bas, comme dans le Gryphite à Lacunes. 2) Le Couvercle du Gryphite est plat & concave; une pareille Forme se trouve aussi à peu près dans le Peridiolithe (*Fig.* 17.); car du même Coté la Coquille est platte & un peu creuse. 3) Le Gryphit à Lacunes du Voigtland a une Charniere forte & large de même que notre Moule en Question. Ce sont là les Caracteres génériques, par lesquels je crois avoir prouvé l'Analogie de ces deux Conchites.

§. VI.

§. VI.

Passons à présent à la Différence spécifique de ces deux Coquilles. Celles du Voigtland sont différentes des nôtres, en ce que 1) les premieres sont pointues vers la Charniere, les autres au contraire larges des deux Cotés de la Charniere, (*Fig.* 16. 17. *Lit. c. d.*). 2) Les Gryphites du Voigtland ont une Espèce de Bec, du Coté relevé de la Charniere; les nôtres au contraire vont plus droit & finissent plus en Pointe du Coté de la Bosse (*Lit. a. e.*) d'où il s'ensuit, que quoique l'un & l'autre de ces Conchites ayent une Analogie bien certaine, chacun compose néanmoins une Espèce particuliére.

§. VII.

Cette Eſpèce particuliere de Moule pétrifiée a auſſi quelque Affinité avec une Eſpèce de Trigonelles, (Coquilles bivalves triangulaires) que l'on trouve dans nos Environs. Cette Affinité provient principalement de la Structure de la Charniere, qui eſt un peu large dans l'une & l'autre.

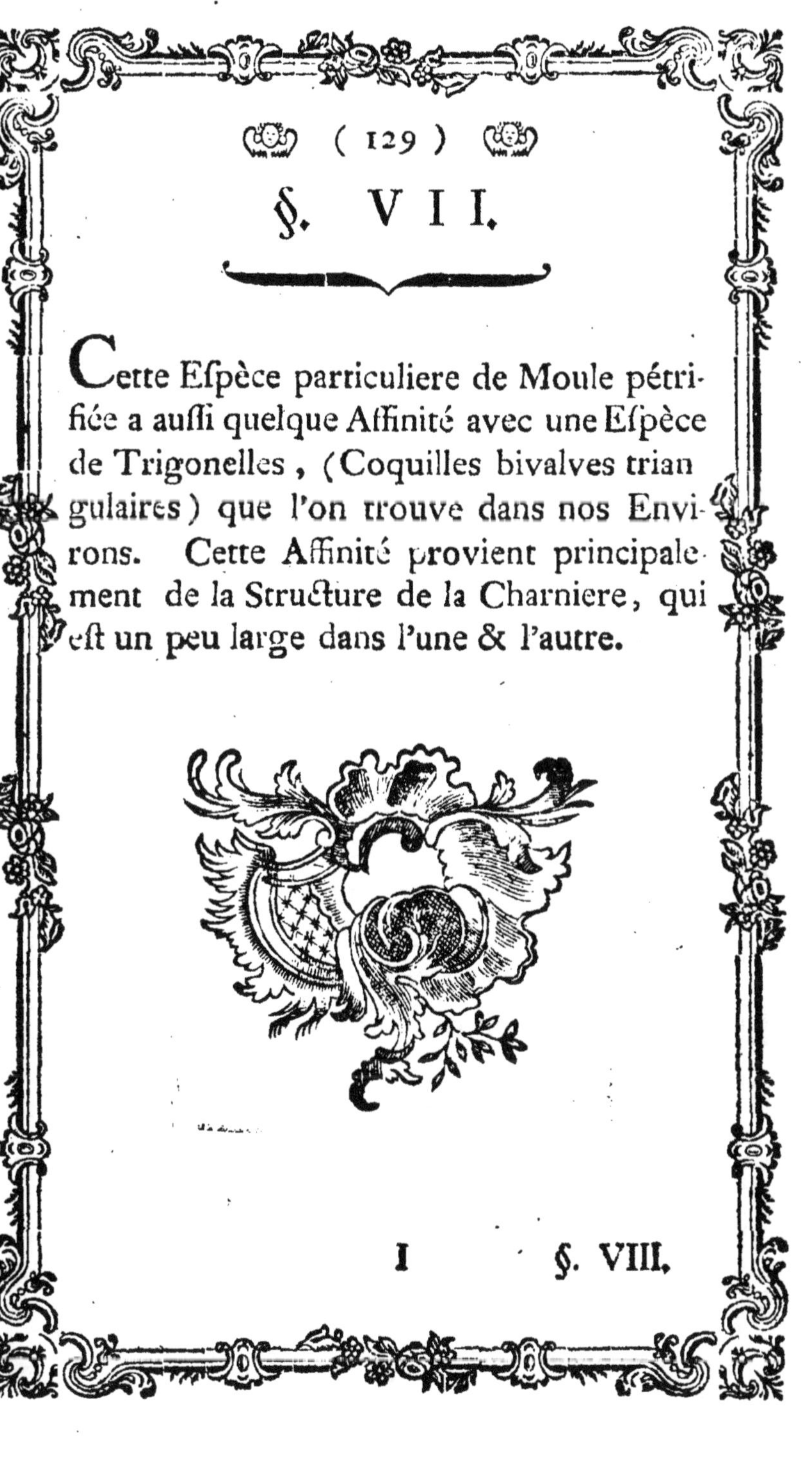

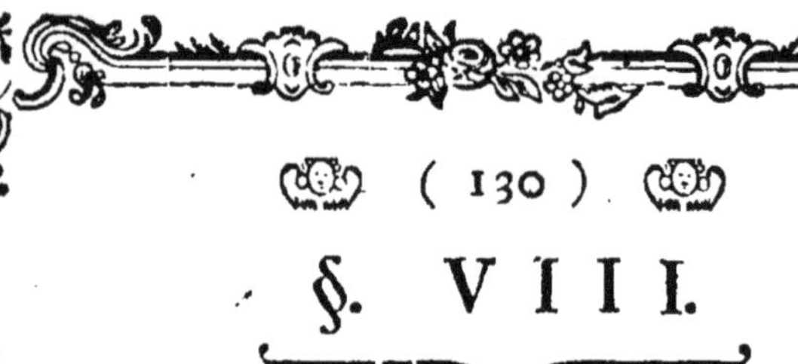

§. VIII.

Il me reſte à prouver quelle Partie compoſe la Coquille inférieure, & quelle eſt celle, qui forme le Couvercle : La Figure ſeizieme (*Fig*. 16.) nous montre la Coquille élevée en Boſſe, renflée & plus grande. La Figure dixſeptieme (*Fig*. 17.) nous montre, que l'autre Coquille eſt platte & petite, & qu'ainſi elle a ſervi de Couvercle à l'autre. Il en eſt de même des Gryphites. La dixſeptieme Figure repréſente une telle Coquille un peu plus grande que celle à Coté (*Fig*. 16.), dont le Couvercle eſt caſſé par le Milieu (*Fig*. 17.) & enfoncé; mais je n'ai pas encore pu me procurer de Couvercle détaché; celui-ci eſt ſi fort affermi ſur la Moule, que dans pluſieurs, on n'en aperçoit pas la Jointure. Ainſi on voit encore plus clairement (*Fig*. 17.), que le Couvercle eſt plus petit que la Coquille ; car il ne va pas plus loin que juſqu'à la Charniere, (*Lit*. *c*. *d*.) pendant que la Coquille même (*Lit*. *e*.) paſſe au de-là du Couvercle par ſa Pointe.

§. IX.

§. IX.

Par la Defcription précédente, il eft facile de voir, que ces Péridiolithes font des Conchites bivalves (§. 8.) & même à Coquilles inégales ou anomies; ainfi peut-on hardiment dans un Cabinet les mettre à Coté des Gryphites fillonnés, quoique ceux-ci foient d'une Efpèce nouvelle & rare.

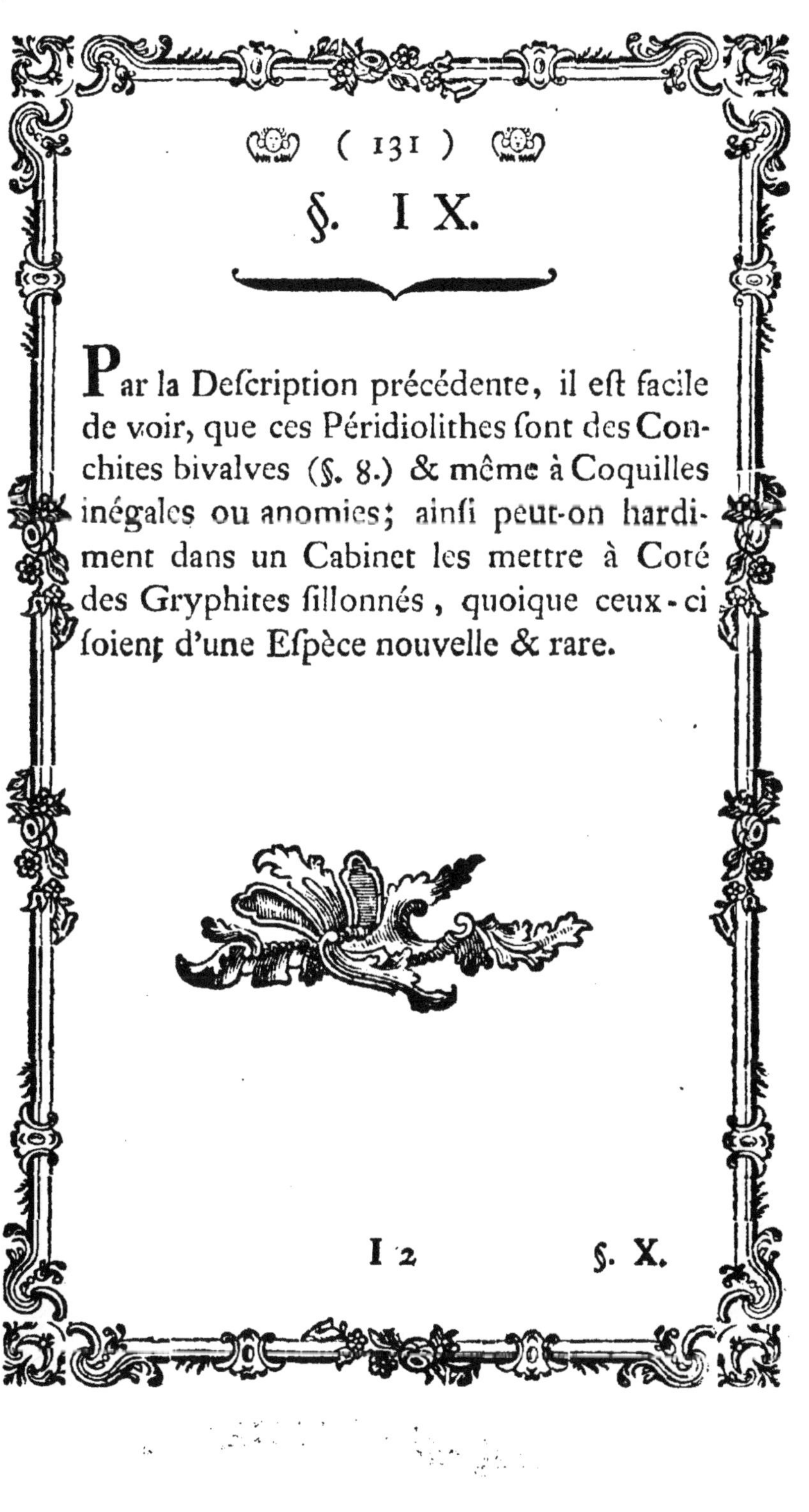

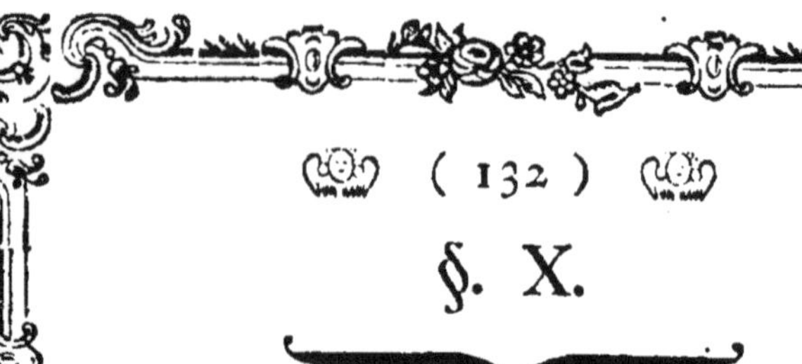

§. X.

Ceci ſont des Obſervations de la Nature même, que nous avons faites afin de découvrir & de décrire ces nouvelles Eſpèces de Teſtacées pétrifiés. Nous eſpérons avoir ſuivi les Exhortations du fameux WOODWARD écrites à Mr. LIEBKNECHT (*) & nous nous flattons, que ces Obſervations auront produit quelque Etonnement parmi les véritables Connaiſſeurs, & auront excité, en même Tems leur zèle pour les Progrès de l'Hiſtoire naturelle. Ceci nous conduit naturellement à admirer un Etre ſuprême Au-

teur

---

[*] *Quo verò certius Orbem literarium demerearis, Naturæ veſtigiis inſiſtas: neque nimium confidas Commentis aliorum, quæ nulla uſquam Naturæ ſpecie nulla Obſervationum fide nixa ſunt.* J. G. LIEBKNECHT *Specim. Haſſiæ Subterran. ſect. 2. cap. 4. §. 38.*

teur de tout. Les différentes Découvertes de notre Siecle démontrent de plus en plus son Existence, & chacun des Animaux vivans ou pétrifiés, sur lesquels nous avons les savantes Remarques de nos Naturalistes, en est une nouvelle Preuve. Combien d'Animaux inconnus ne contient pas encore la Profondeur des Mers, & combien d'autres pétrifiés sont encore enfouis dans les les Entrailles des plus hautes Montagnes; peut-être les découvrira-t-on dans la Suite du Tems par hazard; ils serviront à dessiller les Yeux des Libertins, comme autant de nouvelles Preuves de la toute Puissance & de l'infinie Sagesse du Créatur inconcévable. En un Mot, les Ouvrages de la Nature, qu'un Amateur voit journellement dans son Cabinet avec un véritable Plaisir & les Animaux inconnus remarquables par leur Figure & par leur Construction doivent le conduire à la Connaissance du vrai Dieu & l'exciter, à l'honorer, & à l'admirer & à le servir avec tout le Respect, qu'on lui doit. On se trouve donc obligé, après avoir consideré tant de Merveilles de la Nature, de s'écrier avec le Roi DAVID : *Quam magnifica sunt Opera tua Domine : Omnia in Sapientiâ fecisti. Ps. 103.*

DECOUVERTE INTERESSANTE EN HISTOIRE NATURELLE.

Annocée & extraite DE LA

GAZETTE D'ALLEMAGNE DE MANHEIM.

Entre les Découvertes remarquables de ce Siecle, cellci est une des plus étonnantes : la TERRE d'OMBRE est une Production du Regne mineral, dont l'Usage est connu dans toute l'Europe ; son Nom vient de ce qu'on la tirait autrefois de l'Ombrie, qui est aujourd'hui le Duché de Spolete en Italie ; à présent on la nomme particulierement TERRE de COLOGNE, parce qu'on la tire de cette Ville, ou des Environs. Tous les Naturalistes & les autres Ecrivains, qui ont traité du Regne minéral, se sont trompés sur la Nature de ce Fossile ; ils ont tous cru, que c'etait une vraye Terre, c'est à dire une Terre

Terre particuliere comme la Craye, l'Argile, la Marne &c sous cette fausse Opinion, WALLERIUS & plusieurs autres Mineralogues ont classé la Terre d'Ombre ou de Cologne entre les Terres maigres.

La Découverte de l'Origine de ce Fossile était réservé à Mr. le Baron de HUPSCH à Cologne. C'est ainsi que les Soins assidus de ce Naturaliste, son Zèle infatigable pour l'acroissement de l'Histoire naturelle & son Empressement à à être utile aux Hommes, sont en Partie recompensés par ses Succès. Il est parvenu à découvrir que la Terre d'Ombre est un véritable Bois fossile; c'est aux Environs de Cologne dans les Tourbieres & surtout dans un Terrein marécageux, que se trouve ce Bois fossile; suivant les Observations de Mr. le B. de HUPSCH, c'est un Bois changé en Terre ou décomposé par les Eaux minérales. Une Partie de ce Bois terrifié est corrompue, de sorte qu'il se se reduit facilement en Poudre; ce qui le rend fort propre à l'Usage de la Peinture. C'est dans ses Voyages minéralogiques, qu'il a trouvé plusieurs gros Morceaux de ce Bois terrifié dans une Tourbiere, située au Duché de Berg, Province très riche en Productions minerales. Ils étaient pénétrés d'un Suc bitumineux, ce qui formait une Terre d'Ombre incomparablement plus belle, que toutes celles qu'on trouve

aux

aux Environs de Cologne. Plus les Morceaux étaient pénétrés d'un Suc bitumineux, plus la Couleur était d'un beau brun.

Suivant les Recherches de Mr. le Baron de HUPSCH cette Terre se trouve de deux Façons: une Espèce est encore un vrai Bois fossile; qui est peu reconnaissable, ou qui a conservé quelquefois en Partie la Figure de Bois, parcequ' un Suc sulphureux ou bitumineux l'a préservé de la Corruption; cependant il se réduit facilement en Poudre. L'autre Espèce est déja une Terre d'Ombre parfaite: on la trouve réduite en Poudre par la Nature; &c. c'est toujours le même Bois fossile, qui a été décomposé par les Eaux minérales, ou par quelque autre Cause.

Ce Bois terrifié, qu'on tire des Païs de Juliers, Berg & Cologne fait la meilleure Terre d'Ombre. De tous les Bois fossiles, qu'on trouve dans différentes Contrées de l'Europe, celui-ci, suivant notre Observateur, est le plus beau & le plus convenable à la Peinture. C'est ainsi que chaque Païs a ses Richesses.

Nous attendons de Mr. le B. de HUPSCH une ample Description sur cette nouvelle Découverte, qui sera sans doute fort agréable à tous les Naturalistes. GAZETT S D'ALLEMAGNE OU ANNALES DU MONDE, *Tome I. Num. 2. P. 45.*

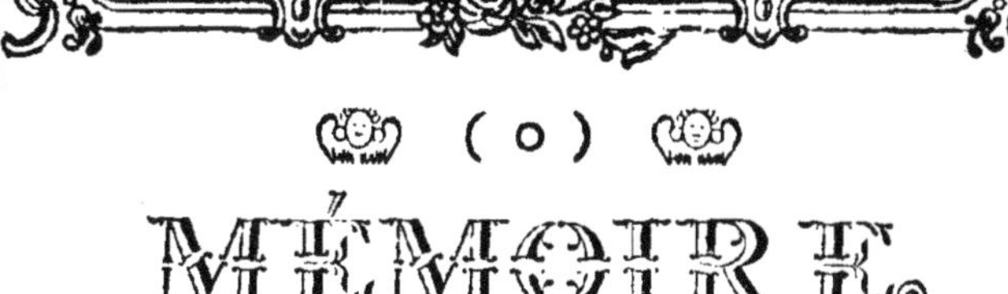

MÉMOIRE.

Dans le Plan d'un Ouvrage ſur l'Hiſtoire naturelle de la Baſſe-Allemagne j'ai propoſé (*pag. 31. 32.*) aux Curieux étrangers une Echange, pour favoriſer l'Etude de l'Hiſtoire naturelle, pour étendre la Connaiſſance de cette Science ſi utile & pour augmenter leurs Collections, où je leur ai offert différens Genres de Curioſités naturelles de la Baſſe-Allemagne & d'autres Païs (entre leſquelles il y aura des Pieces remarquables) contre différentes Eſpèces d'ANIMAUX & autres CURIOSITÉS de la NATURE, que nous accepterons préférablement en Echange & ſous leſquels nous entendons:

1) Des QUADRUPEDES empaillés ou embaumés, ſoit des Indes, de l'Europe ou d'autres Contrées.

2) Des OISEAUX embaumés ou empaillés au naturel avec leur Plumes, ſoit de l'Europe ou des Indes.

3) Des POISSONS de Riviere ou de Mer déſſéchés, préparés ou conſervés dans l'Eſprit de Vin.

4) Des Amphibies & Insectes, p. E. Lézards, Chénilles, Demoiselles, Cerambyces, Grillons, Araignées, Papillons, Phalenes, Hannetons, Mouches, Scorpions, Millepiés, & toutes Sortes d'autres Insectes, soit desséchées ou conservées dans l'Esprit de Vin.

5) Des Productions Marines, p. E. *Coquillages* de tout Genre; Glands de Mer, Poussepiés, Conques-Anatiferes, Pholades, Pinnes marines, Oscabrions, Astrolepas, Vermisseaux, Pinceau de Mer (*Penicillus marinus*) Nautiles papiracés, Cœurs de Venus, Tortues, Oursins ou Hérissons, Crabbes, Ecrévisses, Etoiles, Téthyes, Polypes, Orties, Holothuries, Scolopendres de Mer, &c. &c.; *Coraux & Plantes marines* de tout Genre p. E. Corail rouge, blanc, noir, Madrépores, Millépores, Alcions, Champignons de Mer, Tubulaires, Litophytes, Kératophytes, Algues, Mousses, Corallines, &c. &c.

6) Des Productions curieuses du Regne des Animaux, p. E. Besoards, Calculs, Egagropiles, Perles &c, Parties d'Animaux desséchées; Oeufs & Nids curieux d'Oiseaux des Indes, Animaux monstrueux, &c.

7)

7) Des PIECES curieuses du REGNE des PLANTES, p. E. des Excrescences d'Arbres, des Plantes ou des Productions de Fruits, dont la Forme s'est écartée de l'Ordre commun de la Nature &c; *Plantes rares* des Indes conservées, Fruits, Bois, Feuilles, Racines singulieres, Gommes rares &c des Indes, de l'Amerique & d'autres Païs.

8) Des PRODUCTIONS minérales, p. E. Marbres, Albatres, Pierre - Azurée (Lap. Lazul.), Jaspes, Agates, Granites, Porphyres, Cailloux & autres Espèces de Pierres en Tablettes polies; Pierres nommées Poudingues, Dendrites ou Pierres arborisées & herborisées, Marbre figurés, &c; Asbeste, Cuir, Chair & Lieges fossiles, Pierre d'Aimant, Pierre de Bologne, Pierre d'Arménie, &c; *Pierres précieuses*, p. E. Diamant, Rubis, Emeraude, Chrysolite, Hyacinthe, Saphir, Béryle (Aigue-Marine) Opale, Chrysoprase, Tourmaline, &c. Cristaux de différentes Figures & Couleurs; Sel fossile, Alun, Vitriol, &c; Soufre, Asphalte, Jayet, Ambre, Copal, Succin, Poix minéral, Huile de Pétrole, &c; *Demi-Metaux*, p. E.

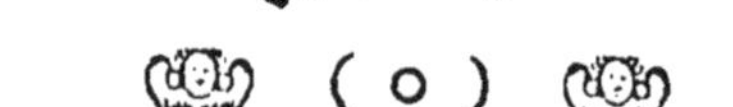

Mines de Mercure, de Cinnabre, d'Antimoine, d'Arſénic, de Zinc, de Bismuth, &c ; *Metaux*, p. E. Mines d'Or, d'Argent, d'Or blanc (*la Platine*) d'Etain, &c.

9) Des PETRIFICATIONS, p. E. Plantes, Feuilles, Bois, Racines, &c. pétrifiées; *Coraux pétrifiés* ou *Coralloïdes foſſiles* p. E. Madréporites, Milleporites, Aſtroïtes, Fongites, &c; *Pétrifications animales* p. E. Parties de Quadrupedes, d'Oiſeaux, de Poiſſons, &c. Crabbes, Ecréviſſes, Etoiles de Mer, Amphibies & Inſectes pétrifiées, *Pétrifications des Teſtacées*, p. E. Echinites (Ourſins foſſiles) Solénites, Pinnites, Glandites (Glands de Mer), Patellites, Nautilites. Tuyaux & Vermiſſeaux de Mer pétrifiés.

J'accepterai auſſi en Echange différentes Sortes de CURIOSITÉS ARTIFICIELLES, ſavoir:

1) De CURIOSITÉS de SCULPTURE. p. E. Statues, Bas-Reliefs, Gravures, Buſtes, Tetes & autres Figures artiſtement travaillées en Marbre, Albatre, Yvoire, Bronze, Nacre de Perle, Ambre, Cire, Bois, Terre cuite, Porcelaine, Pierre, &c; de même des Medailles modernes. &c.

2) Des INSTRUMENS & MACHINES de Physique, d'Astronomie, d'Optique, de Géométrie, de Mécanique, d'Aëromêtrie, de Géographie, p. E. Pompe pneumatique (*Antlia pneumatica*), Microscope, Télescope, Fusil à Vent, Pyrometre, Miroir cilindrique, Miroir prismatique, Miroir conique, Miroir piramidal, Miroir concave, Machine polyêdre, Planétaire, Sphere armillaire, Globes, différens Modeles & d'autres Instrumens curieux de tout Genre.

3) D'ANCIENNES ARMES usitées autrefois en Europe, p.E. Arcs, Arbalettes, Sabres, Epées, Lances, Carquois, Halebardes, Dagues, Massues, Fusils, Arquebuses & Pistolets de la premiere Invention.

4) Des OUVRAGES curieux, p. E. Vaisselles, Bocals, Tasses, Gobelets, & Coupes d'Agate, de Jaspe, de Cristal, d'Ambre, de Coquille, d'Ecaille, d'Yvoire, de Noix des Indes, &c; anciens Verres peints & toutes Sorte d'Ouvrages curieux faits au Tour.

5) Des ANTIQUITÉS *égiptiennes*, *greques*, *romaines*, &c, p. E. Médailles, Vases, Urnes, Lampes, Statues, Bustes, Tetes, Bas-Reliefs, In-

Inſcriptions, Autels, Coignées, Poids, Armes, Bagues, Pierres gravées, en Creux ou en Relief, & d'autres Pieces antiques de tout Genre.

6) Des CURIOSITÉS des PEUPLES ETRANGERS, p. E. Livres manuſcrits, Ecritures, Armes, Arcs, Fleches, Carquois, Lances, Sabres, Coutelas, Halebardes, Maſſues, Puticans, (Puzykans) Boucliers, Inſtrumens de Muſique, Médailles ou Monnoyes, Idoles, Statues, Figures, Meubles, Sceaux, Ouvrages, Habillemens, Ornemens de Tête, Chapeaux, Bonnets, Souliers, & autres Curioſités des Chinois, Turcs, Tartares, Grecs, Arabes, Perſans, Indiens, Africains & Americains.

7) Des CURIOSITÉS de PEINTURE, p. E. Peintures en Miniature & en Emaille; Deſſeins faits au Crayon, à l'Encre de la Chine, &c; Livres d'Eſtampes & toutes Sortes d'Eſtampes gravées par de bons Maitres, Tableaux à la Moſaïque ou Ouvrages moſaïques, &c.

8)

8) Des CURIOSITÉS de LITTERATURE, p. E. *vieux Manuſcrits*, anciens Diplomes, anciennes Ecritures ſur Ecorce d'Arbres, Parchemin, Papier, &c n'importe en quelle Langue ou ſur quelle Matiere; anciens Livres imprimés, c'eſt à dire du Commencement de l'Invention de l'Imprimerie [depuis environ 1400. juſqu'environ 1500]; anciens Sceaux en Cire, & d'autres Curioſités, ſoit de l'Art ou de la Nature, qu'un Amateur, me voudra donner en Echange, comme n'etant pas du Reſſort de ſes Collections ou de ſon Gout; ou même qu'il a en double.

CONCHITÆ Anomii.
Eifliaco- juliacenses.
Sandalium referentes.
Fig. 2.
Ex Museo
Baronis De Hüpsch
Coloniæ ad Rhenum.

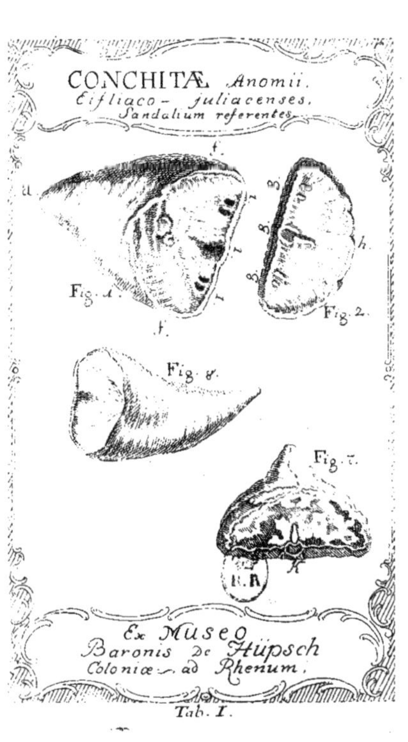

Tab. I.

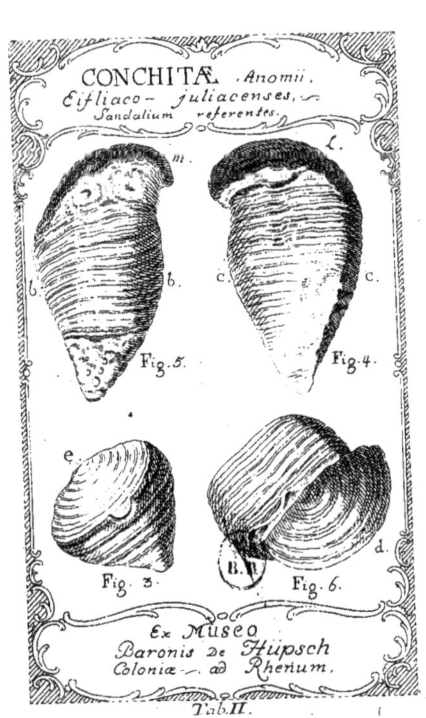

CONCHITÆ. Anomii.
Eifliaco-juliacenses,
Sandalium referentes.
m.
l.
b.
b.
c.
c.
Fig. 5.
Fig. 4.
e.
d.
Fig. 3.
Fig. 6.
Ex Museo
Baronis De Hüpsch
Coloniæ ad Rhenum.

Tab. II.

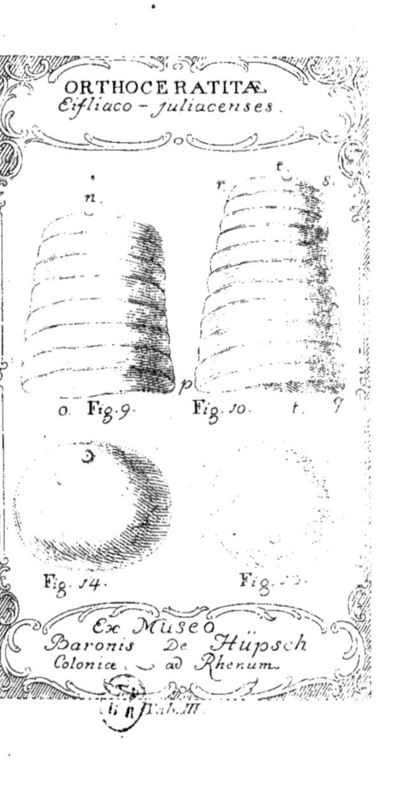
ORTHOCERATITÆ
Eifliaco - juliacenses.
n.
r.
t.
s.
o. Fig. 9.
p
Fig. 10.
t.
q
Fig. 14.
Ex Museo
Baronis De Hüpsch
Coloniæ ad Rhenum
Tab. III.

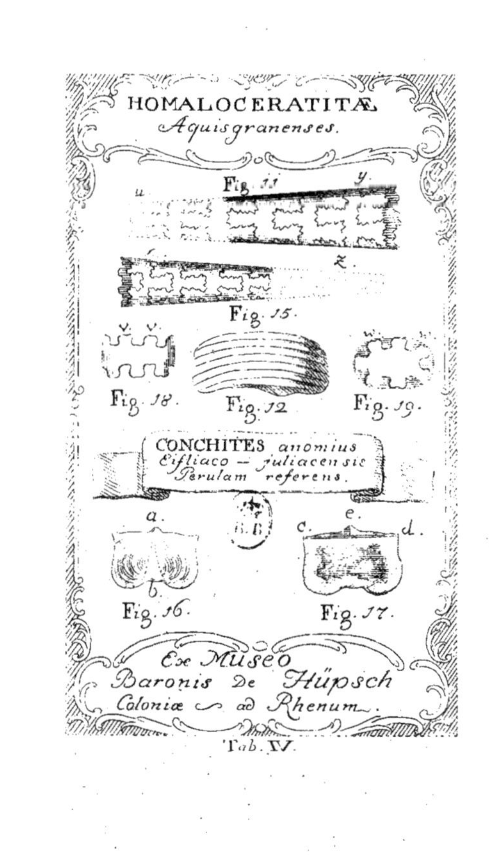
HOMALOCERATITÆ
Aquisgranenses.
Fig. 11
Fig. 15.
Fig. 18.
Fig. 12
Fig. 19.
CONCHITES anomius
Eifliaco – juliacensis
Perulam referens.
Fig. 16.
Fig. 17.
Ex Museo
Baronis De Hüpsch
Coloniæ ad Rhenum.
Tab. V.

www.ingramcontent.com/pod-product-compliance
Ingram Content Group UK Ltd.
Pitfield, Milton Keynes, MK11 3LW, UK
UKHW021154260726
13994UKWH00001B/459

9 782329 425252